如何战胜自己

杨晨诗·编著

吉林文史出版社

图书在版编目（CIP）数据

如何战胜自己 / 杨晨诗编著 . —长春：吉林文史
出版社，2017.5
　ISBN 978-7-5472-4383-1

　Ⅰ . ①如… Ⅱ . ①杨… Ⅲ . ①故事—作品集—中国—
当代 Ⅳ . ① I247.81

中国版本图书馆 CIP 数据核字（2017）第 137602 号

如何战胜自己
Ruhe Zhansheng Ziji

编　　著：杨晨诗
责任编辑：李相梅
责任校对：赵丹瑜
出版发行：吉林文史出版社（长春市人民大街 4646 号）
印　　刷：永清县晔盛亚胶印有限公司印刷
开　　本：720mm×1000mm　1/16
印　　张：12
字　　数：129 千字
标准书号：ISBN 978-7-5472-4383-1
版　　次：2017 年 10 月第 1 版
印　　次：2017 年 10 月第 1 次
定　　价：35.80 元

目 录
CONTENTS

7　合作的哲理

14　合作的方法

20　小处做好，大处可成

27　迟到早退没必要

35　注意生活中的礼仪细节

41　做一个热情的人

49　保持一颗开朗的心

57　随和赢得好人缘

63　用幽默提升人气

71　不是因为可爱才微笑，而是因为微笑才可爱

81　善于倾听，懂得释放

91　学会赞美

98　发展自己的兴趣爱好

104　寻找自己的潜能

113　经常"照照镜子"

120　千里之行，始于健康

127　健康的生活习惯成就美好人生

132　让心灵洒满阳光

138　许自己一个梦想

147　乘风破浪抵达梦想的彼岸

154　梦想有时转个弯才来

161　一切美德从善良开始

169　诚实守信

175　学会宽容

180　战胜挫折就能战胜自己

186　舍得才能赢得

合作的哲理

社会在不断地发展，我们很难在一个地方停步不前。想要站稳，首先需要有人扶持，在家靠父母，出门靠朋友。我们必须有我们自己的生活圈子，才能够走得更远。

筷子的哲学

我们都听过这样一个故事。

话说有一个富翁，他有九个儿子，他临终的时候却犯了愁，不知道自己的家业应该怎么分，所以他想了一个办法来考考自己的儿子。他叫来他的九个儿子，并且询问他们的想法，老大迫不及待地说他最大，得到的应该最多，所以应该继承董事长的职位。老二却不干了，说他最聪明，他才应该被委以重托。九个孩子都闹腾开了，各自说着自己的优点。富翁在病床上叹着气，叫自己的管家拿来了一把筷子，他把一支筷子递给自己的大儿子，让儿子折断，儿子很快便把筷子折断了，一脸自喜的神情。几个儿子都不甘心，都各自拿了一支筷子并且很容易地折断了，大家都不知道父亲葫芦里卖的什么药。这时，管家给每个儿子都发了一把筷子，再让这九个孩子将筷子折断，但是这次却没有一个人能够做到。

九个儿子面面相觑，不知道怎么办，父亲却强撑着最后的力气告诉他们，他们每个人都是这样的一支筷子，很容易折断，这么大的家族产业，如果仅仅靠一个人来支撑便很容易倒塌，如果兄弟九人齐心协力管理企业，便能形成一种强大的能量，不会轻易被折断。

父亲说完这句话便闭上了眼睛，九个兄弟很是惭愧，齐心协力料理了后事。从此之后互相依靠扶持，父亲的产业很快变得更大更好，而这九个兄弟的骨肉亲情也更加紧密。

这是一个很老套的故事，我还听过新一些的。

还是有一个富翁，他有一个儿子，他的儿子天资聪颖，才华横溢，相貌堂堂。他很为自己的儿子骄傲，但是却迟迟不敢把自己的事业交给他。儿子很困惑，面对父亲的不信任非常不理解。有一天父亲单独把儿子叫到身边，什么都没说，而是拿给儿子一支筷子，让儿子折断。儿子很轻松地就把它折断了，父亲微笑着让儿子继续把折断后的一半筷子折断，儿子稍微费了点劲，但还是折断了，这时儿子有些困惑，父亲却再一次拿起更小的那一半筷子让儿子折断，儿子狠狠地使劲终于折断了，父亲把最后一小截筷子给儿子让他继续折，儿子不高兴了，他说爸爸这是不可能折断的，你这是在难为我。

父亲没有说话，只是对着儿子微笑，语重心长地告诉他一个道理。"你就好像这支筷子，一直在我身边没有经历过风雨，你很优秀，健康，完美，而我就是这样一小截被折断过的筷子，我曾经受过很多的挫折，我被打击很多次，终于练成了这样一小截筷子，不会再被折断。我不放心把事业交给你，不是不放心你的能力，而是因为你没有遇见过困难，没有碰到过风雨，没有阅历，所以不可轻易托付，现在你明白爸爸的用心了吗。"

儿子终于知道了父亲的良苦用心，心甘情愿地做了父亲的助手，帮父亲去料理公司的事情，并且很快能够独当一面。父亲在儿子一次次战胜困难后，终于放心地把企业交给了自己的儿子，自己去安享晚年了。

关于筷子的故事多得说不完，我印象里还有这么一个典型的故事。

夫妻俩共同开着一家小店，两人相敬如宾且分工明确，生意蒸蒸日上，很快小店就扩大了规模，在夫妻俩的共同努力下竟然慢慢成了拥有一栋大楼的大公司。这家公司是夫妻两人的心血，两个人对今天的成就都感慨万千，但是现在有一个难题，就是公司的法人到底应该写谁的名字。两个人结婚十年，在事业上共同扶持共同进步，没有红过眼也没有吵过架，但是在公司到底写谁的名字时却第一次起了强烈的争执，丈夫认为自己是个男人，应该是一家之主，而妻子觉得现在这个年代男女平等，况且这家公司是两人共同打拼的结果。两人谁也不服谁，竟然闹到了要去法院打官司的地步。法官看着这对夫妻，想着上了法庭容易让曾经相爱的两人反目成仇，这样一点都不划算，但夫妻俩过于坚持，所以法官中肯地建议三个人一起出去吃顿饭，好好聊聊。夫妻俩答应了。

饭桌上夫妻俩还是谁都不愿意理谁，法官告诉他们一个办法，说："要不这样，你们分别独自经营公司一段时间，看谁能让公司更壮大、更好，就写谁的名字。"夫妻俩想了想觉得有道理，便同意了。

丈夫首先经营，开始几天还是兴致勃勃，但是越到后面越是力不从心了，一个月只过了一半公司就已经不能盈利了，苦撑到最后几天公司竟然已经开始倒贴了。丈夫灰头土脸地回了家。妻子看了这一个月的财务报表觉得是自己大展身手的时候了，但是没想到结果跟丈夫的一样，她发现管理公司完全没有丈夫在的时候那么的得心应手，很快也败下阵来。定的日子很快就到了。法官依旧在当时三人一起吃饭的地方等待他们。

法官微笑着问两人感觉怎么样，经营的状况如何，两人都有些尴尬不知道怎么说。法官看出了端倪，便示意先用餐然后再讨论。等菜都上桌了之后夫妻俩却发现自己的面前都只有一支筷子，这让夫妻两摸不着头脑，不知道该怎么吃饭，法官却开腔了。

"其实你们面前的筷子本来就是一对，只是硬生生地被拆成了两支，这一双筷子在一起的时候才能够发挥作用，现在一分散它还怎么用呢。就像你们夫妻俩一样，从你们一进来我就发现你们的情绪不好，果然不出我所料，你们彼此分开经营公司都不能够正常运作，这是你们共同的产业，离开了谁都不行，而你们却为了一个书面上的位子差点毁掉了十年的感情和自己苦心经营起来的公司，划算吗？"

夫妻俩相互看了一眼，相拥而泣。

这三个故事都是有关筷子的，筷子的确告诉我们很多的道理。群众的力量是伟大的；断过的不容易再被折断，就像人生，最愚蠢的就是在同一个地方跌倒两次；筷子是一双才能发挥作用。小小的筷子都能够明白的道理，我们就更应该去做到。

其实生活在很多地方都给了我们启示，用心去看会发现这个世界处处都值得我们学习。

1+1 大于 2

一加一等于几？

我们小学的时候应该都学过脑筋急转弯，关于一加一等于几的问题有无数种答案，有的人说一加一等于王，也对，一横加一横不就是王吗。当然，这只是脑筋急转弯里的说法，在我看来1+1除了在数学题里是等于2的，其他的时候都可以不等于2。

我们的父亲和母亲都是单独的个体，但是结合在一起

11

就有了我们，有了一个家；

一块砖头，我们一个人怎么样都搬不动，但是两个人一起却可以轻易地抬起来；

一个任务，一个人做要两天，两个人一起却只需要半天的时间就可以做完。

从前有个人得到了一张藏宝图，给了自己最好的朋友看，想和这个朋友带上一些村民一起去寻宝，哪知道他的朋友是个财迷，看见藏宝图眼睛都直了，趁着半夜偷偷临摹了一张藏宝图就出发了。这个人起来之后发现自己的朋友已经不见了，他没有办法，只得自己召集了很多村民一起带上地图踏上了寻宝的旅程。半年之后，这个人和村民都回来了，每个人都有很丰盛的收获，还慷慨地分给其他村民让他们享受自己的收获，但是那位独自去寻宝的人却杳无音讯，村民都说这是贪财的报应。直到几年过去了，这个人穿得破破烂烂地回到了村子，这个村落已经因为那次寻宝的丰硕成果改头换面了，变成了一个崭新的地方，而这个先踏上寻宝路的人却空手而归，大家不免觉得奇怪。

后来才知道，这条路其实并没有那么容易，要穿过很多的丛林，而且路途遥远，要在野外度过黑夜，夜晚经常会有野兽来偷袭。还要穿越沙漠，那里没有水源，一个人去是如何也不可能到达终点的，只有团队合作才行，每晚轮流放哨，彼此依靠，才能够走下去。

一加一大于二。团队的力量永远都不可小觑，一个人的能量毕竟有限，我们都不是超人，没有超能力。每个人都是独立的个体，但是每个人都应该有自己的圈子，需要的时候一起撑，收获之后就一起享用，绝对比一个人要得心应手得多。

　　学会团队合作，懂得合作，懂得双赢，我们才能在人生的道路上越走越远，越来越好。

合作的方法

我们做一件事情，需要一个团队，这个团队会带领我们走更远的路看更多的风景，但是怎么让这个团队在高速发展的今天依旧能够跟上时代脚步呢？我们需要一些方法。

激发思维的火花——头脑风暴法

意识反作用于物质，这条理论在我们中学的政治课本上天天都能够看见，但我们真的了解这条闭着眼睛都可以背得出来的理论吗？每个人的大脑都是由无数的细胞和神经组成的，这和我们的DNA一样，每个人都有不同的染色体，所以每个人看待同一件事都会有不同见解和想法。

我们上学的时候会有不一样的职位，从小组长到学习委员，其实这都只是一个网络体系里面的人物，小组长收起作业本交给课代表，课代表统一交给学习委员，学习委员直接交给老师，每个人都有这样那样的角色，这个叫作合作，我们在生活里离不开合作。试想一下，如果我们的语数外政史地理化生美音体全部都是一个老师教，那我们能够学到什么知识呢，如果全班各科的作业本都是一个人去收，那他一天的时间可能就用来收作业本了。再大一些，如果一个国家只有一个领导，我们所有人都要听他的管理，那他估计真的需要去装一个机器脑袋了，所以这个世界没有合作就没有可能生存。

我们每个人都是独立的个体，很多人说集体会泯灭个性，其实这是一个错误的想法。个人的力量很小，而且不容易被发现和接受，但是当我们融入了集体后，交换了思想并且能让集体里所有的人认同，这样我们头脑里的想法才有可能变成现实。

我念书的时候负责班里的黑板报，每一周都要换新的，或者围绕近期的节假日，或者围绕最新的电影，也有可能是学校指定的一些专题。我有我的小团队，她们每次都会七嘴八舌地给我很多建议。记得有一次元旦，我作为黑板报的小组长被委以重任。班主任告诉我说希望能够做一期别出心裁的黑板报，和往年都不一样的。我跟我的小组员汇报了这一思想之后抓破了脑袋也没有想出来，有的人告诉我说画一连串的爆竹，有的人说不写字，大家你一言我一语的，思路好像突然就开了。随后我们跑到别的班上去借鉴，发现很多想法都有雷同的地方，看着看着，我们突然就想到为什么不可以把两个人的想法合并在一起呢？所以第二天我们把每个人的想法都记录下来，发现很多都可以一起使用，我们用鞭炮写成了字，然后用水粉颜料描了边，这期的黑板报办得特别的成功。元旦的那天连校长都来我们班夸奖我们很聪明。那次，我深刻体会到了团队的重要性，这在我现在的学习生活里都很有用。

虚心听取别人的意见，每个人都可能是明天的乔布斯，不要害怕被借鉴也不要排斥别人的想法，思维经过碰撞才有可能产生火花。

资源共享

好东西大家尝，坏东西大家抗。

张辉是班里的班长，他的父亲在电影厂里做一名编辑，总会有很多在内地还没有上映在网络上也没有的大片可以看。张辉总会拿着这些内部的影碟送给喜欢的女孩子，但是对班里其他的同学却很小气，总是不愿意分享。

这天，国外提前上映了《变形金刚》，张辉的父亲那里已经有了 CD。张辉又拿着光碟到学校来显摆了，大家都围着他希望能借过来看一看，但是张辉总是一副吊人胃口的表情。久而久之同学都不怎么愿意理他了。

这天晚自习的时候班主任却给大家放映了这部电影，是班主任在国外的亲人邮寄回来的，同学们都看得津津有味，只有张辉觉得很憋屈，明明可以好好炫耀一番的。现在大家都看过了这部电影，张辉有点生气，班主任却把他叫到办公室去谈话。

张辉觉得自己也没有做错什么，但是班主任却说班长需要换人了，要由投票来决定，提前跟张辉打个招呼。第二天张辉带着私藏了很久的几张碟片想到班上拉拢人气，却没有几个人愿意理会，张辉热脸贴了冷屁股，不由得有些沮丧。

这次重新选举班委时张辉的班长落了马，而且尴尬的是他的票数竟然只有三票，可能也就是他的三个好哥们给他投的票，他没有想到自己在班上的人缘会这么糟糕，一天都垂头丧气的。班主任在放学的时候把他叫到了办公室。

班主任问张辉，作为曾经的班长，在没有做出格的事情的情况下而得不到同学的拥护，知道是为什么吗？张辉愤然地说，因为自己的父亲能够弄来他们看不了的 CD，他们嫉妒我所以不想给我投票。

班主任看着张辉有些失望，语重心长地说："我以为你已经受到教训了，原来你根本就不知道缘由，那是因为你太自私了，班级是个集体，你作为这个集体的领头羊，有好的资源却不愿意和他们分享，他们自然不会拥护你。没有人会拥护一个不把自己当朋友的人，你作为班长，应该是所有人的朋友，而你却只顾炫耀你的物品，还不允许别人触碰，这么自私的人谁会给你投票？"

张辉听到这席话后觉得五雷轰顶，第二天他从家里搬来了很多CD碟片让同学们自己挑选，大家都很惊讶张辉的改变，张辉却不好意思地和班里的同学道歉，说以前的事情希望大家都既往不咎，以后他一定会做到资源共享。

没错，既然是一个团队就不能够有私心，如果团队、集体里的每个人都藏私心，每个人都藏着掖着，那这个团队要么原地解散，要么就止步不前。真正的团队里应该有一把无形的线，这线连着每个人的心，让每个成员都能够互相拥抱，互相取暖，能够保证一个团队的团结。哪怕只有一杯水，都能够保证每个人喝一口，每个人都能够活下来，这才叫团队精神。

资源共享是一个团队的基础，真心待人人才会真心待你，每个人心里都有一杆秤，我们付出多少自然会回报多少，一个团队想要一起进步，最重要的就是能够互相信任和依靠。

取长补短，优势互补

这世界没有两片相同的叶子。

每个人的生活环境、家庭教育和自身性格都不一样，我们都要带着一些毛病以及才能在这个社会里艰难地行走，我们会有自己的朋友和团队，然后再不停地改变自己。

从小父母就不允许我们和那些在外面混的孩子一起玩，老师会把管不了的学生放在最后一排。其实每个人身上都会有优点，哪怕是犯了死罪的死刑犯也不可以被贬低得一文不值，如果我们能够长一双慧眼，吸收同伴和团队的优点，那么和谁交朋友并不重要，我们能够坚定地不被其影响，甚至还有可能拯救一个堕落的灵魂。

　　我初中时有个朋友叫潇潇，她是单亲家庭的孩子，所以性格有些叛逆，但是为人很正直仗义。由于家庭的原因，她不爱学习，成绩很差，不过我的成绩也不是很好，只能算是中等。记得有一次家长会，我的班主任告诉我妈，说我不能够跟潇潇做朋友，这个女孩子不好，容易带坏我。妈妈回去后就告诉我这件事，我当时特别生气，说潇潇是个很好的姑娘，也是我最好的朋友，我以前是个很软弱的姑娘，跟她在一起之后我变得很勇敢了。她会保护我照顾我，会跟老板讲价，会维护自己的利益，这些我以前都不敢做。我妈妈这才同意我继续和潇潇做朋友。

　　潇潇最终还是没有考上一所好学校，但是她依旧是个坚强乐观的丫头，我在她身上学到的也许不是怎么做一个好学生，但绝对是怎么做一个快乐的人，而且我认为这个应该比怎么努力考一个好大学更加重要。

　　孔子曰：三人行，必有我师焉。每个人身上都有闪光点，我们要学会取长补短，优势互补。其实，我们最该学会的不是怎样去交朋友，而是怎样能够学到朋友身上的优点，充实我们自己。

小处做好，大处可成

水滴可穿石，铁杵能成针。

坚持从小处着手，不放过一丝一毫，是成功的法宝。可这些问题看似很小，我们却很难做到。有的同学胸怀大志，想要一步登天，可所有的路都要一点点积累，所有的山都要慢慢攀登，才能达到成功的顶峰。空中楼阁只存在于海市蜃楼，脚踏实地才能一往无前。

有一个人，他从小就梦想做一名建筑师，家人都很支持他的想法，送他去最好的土木工程学校上课。第一节课，老师问过每个人的设计概念后，惊叹于他的想法和创意说只要他能够努力上进，就一定可以成为一代优秀的建筑设计师。可能是天赋很高导致他自命不凡，不愿意按照老师的指导来完成学业，一心只想画建筑图，对于比例和摆设是否精确到每一个角度的问题，他从来都不愿意多做考虑。每一个专业老师在看过他手绘的建筑工程图后都赞不绝口，而在赞叹的同时都会提醒他注意比例和陈列的问题，但他只是不可自拔地陶醉在同行和老师对他的欣赏中，却对善意的提醒不屑一顾。

　　这天，某知名房地产商和他所在的学校签了一份大合同，想在城北的空地上建一片别墅群，学校在深思熟虑之后决定交给他来做。面对突如其来的机会，他显得极其激动。在没日没夜地绘图和设计之后，他交上了一篇自认为异常满意的建筑图，可是却被公司请来的安全检测员马上否定了，检测员甚至没有计算就直接退回了他的画稿。面对这个结果，他惊讶并且愤怒，请来自己的老师为自己辩解，但老师在看过画稿后也只是摇头，说他有天分，但是不够踏实，一直没有深究比例和陈列这些会导致祸端的问题。

　　他十分愤怒，拿着画稿说没有人欣赏他的才能。这时，校长告诉他，可以为他用电脑特技做实体效果图，如果画稿没有问题，一定会力荐这份画稿，并由学校投资开始建设。他自信满满地说一定没有问题，便随着校长来到了学校的计算机室。专业的工作人员用3D制图很快做出了效果图，并对结构框架进行了电脑检测，电脑的显示结果为角度不够精确，地基不牢，该建筑属于危楼的范围。再细看效果图的别墅群，发现有的楼甚至是歪的，这是建筑的大忌，一个建筑师设计的楼宇被定义为危楼，只能说明这名建筑师连最基本的要求都没有达到。

他看了电脑里的显示结果后瞠目结舌，羞愧万分。校长语重心长地告诉他，不论是想做建筑师还是其他任何职业，只有脚踏实地从小处着手，才能成就大业。建筑制图需要精确到一砖一瓦，包括多深的地基可以支撑多少楼层，电梯的速度，每间房的陈设等各个方面。别墅群还需要考虑到附近的绿化以及窗外的景色等问题。一名优秀的建筑师一定是从小处着手的，要想做成一件事，不是只要有想法有天赋就能一步登天的，看不见弊端和危险的人永远不可能成为一名优秀的建筑师。

在校长语重心长的教诲下，他羞愧地低下了头，撕毁了那张自以为满分的建筑图。从此以后，他踏实学习，小心计算，最终成为了一名优秀的建筑师。

无论我们想要从事什么样的职业，想要做一个怎么样的人，都要踏踏实实地走好每一步，成功的道路上没有不劳而获，也没有一步登天，就算是想成为一名蜘蛛侠，也要先从小的房屋开始起步，在练习了无数次的跳跃之后，才能在高楼大厦上如履平地。

那么，如何从小事做起呢？

1.我们想要考一个好的学校，想要以后有更加优越的生活，想要离我们的梦想更近一步，就必须从现在开始努力学习，全面发展。如果你想成为一名马拉松的长跑运动员，首先必须能够完成八百米的中型跑步，然后循序渐进，进而达到目标。任何事物的发展都有自己的过程，就像我们从一颗受精卵成长到现在的亭亭玉立、玉树临风，是家人长期培养的结果，没有人生下来就会说话会走路。所以，踏实是我们追逐梦想的基石。

2. 踏实做到了，就要开始努力。我们有了一个可以安静下来的心态，却没有一个积极向上的行动，这也不可能完成我们的人生理想。从一点点的进步开始，慢慢积累，时间久了你会发现，原来我跟从前的自己已经大不一样了。路是一步一步走的，日子是一天一天过的，生活不是跨栏，我们毕竟不是运动员，我们有压力有负重，我们不能快跑，只能慢慢地走，可是只要不停下来，再回头的时候，你会发现自己已经属于另一个世界了。

3. 心态好了，付诸行动了，最后就是要坚持。脚踏实地然后坚持到底，大事可成。有的人刚开始有很大的干劲，这一秒钟决定开始好好学习，真的背了一篇文言文，解了几道数学题，听了半小时的英语，第二天又开始在课堂上呼呼大睡。问其缘由，有人会说不是我不想努力，是我不知道努力了有什么用，我这次的测验依旧很糟糕，我今天还是做不来老师的作业，我还是听不懂英语课上到底在讲什么，老师还是觉得我什么都不会而不喜欢我，爸妈还是对我没信心甚至死了心。其实，这是一个过程，黑暗到光明的过程，因为阳光太刺眼了所以月光是一个缓冲的过程。只要能够坚持，白昼一定会到来。我小时候很不喜欢写作文，后来，我每晚坚持读书，小学时订阅书刊看优秀的学生作文，初中时就喜欢看些《读者》《意林》之类的文摘，高考的时候，我的作文竟然得到了满分。这都是长期努力和坚持的结果。

我并不想枯燥地讲述一些我们早就懂得的道理，而是想通过事例与故事，来慢慢打开彼此的心扉，这就是从小处着手的道理。如果我一上来就告诉你们想要做好一件事，就是踏实、努力与坚持，那么你们肯定会想这些道理我早就知道。现在，我想告诉你们一件事，就是怎么样完成自己的梦想。对于这个话题，我就是从小处着手的，并且，我相信如果你们认真看完了这篇文章，也一定会这么去做的，因为我们都一样，都渴望有美好的未来，不是吗？

迟到早退没必要

　　我们第一次接触鲁迅的文章，想必就是他那篇小小说《早》了。

　　那是鲁迅在私塾的时候，因为一次迟到被先生打手心，他便在书桌上刻了一个"早"字，从此再也没有迟到过。这篇文章我们都读过，鲁迅先生之所以能够有如今的影响和成就，与他严谨的生活态度和作风有密切的关系。

　　他写的这篇《早》不仅仅是对自己早到学校、不再迟到的一种警醒，还是他为了严格要求自己而树立的一种信念，更是他一生都在遵守的一种生活态度，一种对凡事都尊重、认真负责的人生信条。鲁迅先生以前是一名医生，后来弃医从文。他对五四运动的批判和对国共谈判的引导都表现了其对"早"的要求。这不仅是他的一种天赋，对凡事都有强烈的预见性，也表现了他多年来对于"早"的坚持。所以，鲁迅先生的"早"不仅仅是要求我们早到，还在于告诉我们一种人生态度，只有坚持这种品格，才能走在人前，与时俱进，了解事物的发展趋势，对未来有着更好的把握。

我们一直都把鲁迅先生当作我们前进的目标，他一生的辉煌和对社会付出的心血是我们爱戴、尊重他的原因。他的才华、果断与机敏加上他对"早"的毕生要求，使他能够准确地把握未来。对于坚持，我们每个人都可以做到，然而仅仅只是做到一天、一周或者一个月，可对于鲁迅先生来说，他的坚持每一天都始终如一，他在标准的生物钟下赢得了超人的一手资料，从而走在了世界的前端。所以说，坚持和信仰是相辅相成的。

说完鲁迅，我来告诉你们我的故事。

我从幼儿园起就随母亲去很远的地方上学，两个小时左右的车程，我每天都是最早到学校的。到校后，我会趴在校门口的长板凳上睡一下，每天都会有开门的大叔来抱我进去，幼儿园里所有的人都认识我，因为他们都远远地看见了我是第一个到校的孩子。久而久之，所有的老师都很喜欢我，而直到我从幼儿园毕业的时候，她们才知道我家住得那么远，我是因为没人照顾才和母亲到她的厂子附近来上幼儿园。因为平常习惯了第一个到校，小学的时候我还是坚持了这样的习惯。虽然小学时，学校离家也比较远，但是因为儿时就对车程非常熟悉，所以从一年级开始我就开始自己上学了。每天，我是第一个到学校，然后在校门口边吃早餐边等着门卫大叔来开门。后来，因为这件事，老师让我做了班长，将班里的钥匙交给我保管，这让我多了一份责任感，更是坚持每天第一个到校去开门。记得有一年，我在家里打闹的时候撞翻了开水瓶，滚烫的开水冲着我的左半边脸洒下来，撕心裂肺的疼，导致我在医院住了好久的医院。因为回忆有点久远，住院期间的细节记不太清楚了。后来听母亲说，我在生病期间总是跟她说我还管着班里的钥匙，班上该没有人开门了。想起这段日子的时候，我总是觉得年少的自己拥有的这份执着与坚持很值得敬佩。依稀记得有这样的场景，出院后，我因为烫伤太大要在家里待一个月，我让母亲把钥匙送还给班主任，等我伤好去学校上课的时候，钥匙已经挂在了副班长的脖子上。那时，我心里十分失落，就好像被人抢走了心爱的布娃娃一样。不过，副班长每天到校的时间比较晚，有时候班主任甚至比他到得早，常常看着站在门口等开门的一圈人直摇头。最终，我在班主任的信任下重新拿回了属于我的荣耀，那时候觉得这种为人民服务的事情总会引来很多的关注。

　　小时候的坚持好像比长大后要容易得多。初中的时候，为了更好地学习，我在学校附近租了房子，距离一近，整个人却似乎懒散了下来，也没有给大家开门的牵绊，总是懒洋洋地卡着铃声进学校，虽然没有迟到，但是就跟大多数人一样踩着点去上课。有时候预备铃响了才开始慢悠悠地往班上走，到上课铃响才踩点坐到自己的座位。现在想起来，那时候老师已经到了讲台准备开始讲课了，我才开始磨蹭地摸出课本整理上节课的东西，这样真的浪费了太多的时间。

年少的时候，总会以青春期为由做出许多幼稚的行为，尤其是高中时期，逃课、迟到、早退似乎成了家常便饭。我永远都记得高中的时候，班主任找我进行的那番谈话，即使过了这么久依然记忆深刻。他当时说：虽然你中考成绩不是很好，只考到了这个市重点学校而没有考上省重点，但你还是和花钱进来的学生不一样，你身上没有他们的痞气，我看得出来，你是个好孩子，所以不要学习他们身上的毛病。你的母亲说你小学的时候是班长，管着班里的钥匙，每天都最早到学校，我希望你能坚持这样的品质。你现在每天都踩着点到校，我是没有理由责怪你的，因为你的确算不上迟到，但是要算上预备时间的话，你其实已经迟到了好久。今天找你来，是想提醒你，不管现状如何，别忘记自己是个好孩子。

我突然就记起来了，我曾经是班长，是所有老师公认的好孩子，因为中考的失利导致我在之后的学习中变得懒散且叛逆。班主任的这番话让我突然明白过来，我把自己的生活过得一团糟，是我自己没有好好爱护自己。中考失利的那段时间，我总觉得这世界充满了悲伤，其实那时候天多蓝啊，每天跟同学们一起快乐地背着元素周期表的日子真的一辈子都回不来了。

所以到了现在，我无论是做什么事情都喜欢"早"，有备无患才能风雨无阻。早具有主动性，只有主动出击才能一招制胜。我们总是觉得什么都无所谓，迟到几分钟也没有什么大不了的。其实，哪怕迟到几分钟都有可能让我们损失掉许多宝贵的东西，一直迟到下去，时间一久就会让我们养成懒散的习惯。所以，不论丢了什么，精神不能丢。

谈罢了迟到这件事，我们来谈谈早退，早退是一件比迟到更为严重的事情。如果迟到是一种被动的生活态度，早退却是一种主动的行为。

我有一个朋友，初中毕业后因为没考上高中而去念了中专，读的护理专业，也算是有了一份稳定的工作，但她从小就有迟到、早退的毛病。我们初中念书的时候，为了确保下午有精力认真听课，班主任要求我们必须中午一点左右回校午休，所以我们吃午饭的时间相对比较紧张。而每次中午跟她一起吃饭时，她却似乎一点都不着急的样子，手中抱着一本郭敬明或者是韩寒的小说在那儿看，等饭凉透了再慢慢吃。我总是异常着急地边看表边等着她，甚至要催促她好多次，但还是经常迟到。初三晚上的自习是八点半下课，她总会在八点左右就开始收拾书包，然后等到铃声一响就冲出教室。到了后来，她竟然会拉着我偷偷地从教室后门走掉，那时候我们都不懂事，总是趁着夜色在校门口吃点宵夜然后逛逛小装饰品店，觉得那种时光真是惬意，却没想到后来老师在我们走后竟然布置了任务，导致我们都没有听到。甚至有一次，我们前脚走而班主任接着就来查人，因为我们平时自习的时候一般都没有老师，这次却被班主任抓到了。当时有好友还在班上，她偷偷给我打电话，说班主任在查人让我赶紧回去，我们悄悄回去的时候却正好看见班主任铁青的脸。那天我们都被警告了，在教室待到九点，班主任就一直在旁边盯着我们，盯得我毛骨悚然。我心里一直觉得很愧疚，但是她却满不在乎的模样。到了九点时我们一起出校门，她看着我说我胆子小，还说跑都跑了还回去干吗啊，不回去她又不会把我们怎么样，自习时间本来就是自由的，明天问起就说我们去厕所了不就好了嘛。我对她的理论一直是无法苟同的，但是因为那时候不懂事却也不觉得有多大的过错，后来我们慢慢长大了，之间的联系也渐渐少了，却发现自己似乎习惯了她这套迟到早退的理论，每到快要打下课铃的时候就摩拳擦掌想要冲出教室。高三最后一节晚自习的时候，我们全班人都静坐着，就连打了下课铃都没有走的意思，那时候我才发觉，从前的我究竟在做些什么啊，我错过了这么多的时光，究竟该拿什么去弥补。

前两天，我接到了这位朋友的电话，大意是说她被开除了想找我出去散心，我就答应了，然而等我们见面的时候，她还是理所当然地迟到了将近半个小时。当时我也没在意那么多，她也完全没有解释的意思，一过来就开始说她最近倒霉极了。原来她所在的医院是父母托关系帮她找的，她很聪明，专业理论还不错，但是迟到早退的毛病一直都改不了，有几次轮到她上早班，好些病人和医生都等着她配药，她因为迟到的事被医院警告了好多次。她这次被开除，是因为有次上晚班，她在医院待到半夜时觉得今晚肯定不会有人来了，便关了门跑出去宵夜了，一直没有再回医院值班。后来医院抬进来一名车祸伤员，医生一直等着她回来帮忙，但是她早就到家睡觉了，手机响了也没有听到，因为这个原因，导致本来可以抢救过来的伤员最终死亡了。这件事对医院的名誉造成了很大的影响，不管她是不是由父母托人安排进去的，都只能做开除处理。我听罢她的故事嘴巴张得老大，不知道该说些什么，然而她依然是毫不在乎的表情，这让我很生气，便不由自主说了许多责备她的话。那天是我第一次凶她，我说你做的是这样一份神圣的职业，却拿病人的生命开玩笑，你这个毛病怎么永远都改不了？她特别惊讶地看着我，因为在她的眼里，我一直都是很弱势只会跟着她走的那种人，她怎么也想不到我会说这些话。那次见面我们不欢而散，但是我却一点都不后悔跟她说的这些话。

　　不迟到，不早退，是我们从出生起就应该遵守的原则。这个世界所有的事情都有自己的规则，上课的预备铃和上课铃，下课的下课铃，课间操，这些都是我们应该遵守的事情，没有规矩不成方圆。

　　如果你想成为鲁迅那样走在世界前端的人，吃亏是福，早到一点，晚走一点，这个世界就会比我们想象的更亲近一点，更美好一点。

注意生活中的礼仪细节

　　现在网络上最流行的形容男孩女孩的词汇是：白富美、高富帅、屌丝男和屌丝女。这些词汇有的没有恶意，有的却包含了酸味。我相信所有人都在背后议论过某人的穿着打扮还有言行举止，这些生活中的小细节，我们看得到别人的却看不到自己的。就像一面镜子，照得出别人的一举一动，却看不见自己身上的灰尘和棱角。所以，在议论别人的同时，我们是不是也要看看自己是否也犯了同样的错误，或者如果这件事我来做是否能比他做得更好还是不如他。

　　小时候，妈妈给我买了一件很蓬很美的公主裙，我第二天就穿上新裙子蹦蹦跳跳地去学校了，班上的同学见了都说我很漂亮，到了第三天，几乎所有的小朋友都穿来了一样的公主裙。可是有的小朋友有点胖胖的，动作也很迟钝，所以显得更加臃肿，而有的小朋友喜欢欺负人，穿上这件很淑女的公主裙后，看起来就显得特别别扭。之后我就再也没有穿过那件公主裙了。

这件事让我知道，细节和礼仪决定一切。我每次去商场买衣服，眼力好的服务员只要看我一眼，就可以根据我的行为举止和我说话的方式为我找来最合适的衣服，而眼力差的服务员给我推荐的所谓新款爆款穿在身上却完全不符合我的风格与形象。每个人生下来就是主演，有很多很多的观众，有一句话很流行，叫生活不是演戏，没有必要做给别人看。这句话不假，但是我却不能完全信服，没有人可以不介意别人的眼光，如果没有规矩和礼节，那么人类文明就不可能发展到今天这种地步。我们从生下来就要注意身边所有人的目光，有些会刺得人有些微痛的目光更能让我们成长，并促使我们及时调整自己。生活，就是一件小事加一件小事，而过生活，就是一个细节加一个细节。

李璐是我的小学同学，她是个很夸张的姑娘，从小学时她就是风风火火的类型。那时，她是班主任的得力助手，因为气场强大的缘故，她理所当然成为了班里的大姐大，所有的人都愿意听她的，于是帮班主任管理班级秩序的任务自然就落到了她身上。天生的自信和大嗓门让她在人群里有很高的威望，她的话就是圣旨，所有的人对她都心生敬畏。听说她现在成了一名警察，我看见过她戴着警帽照相的样子，真的很帅气很有气质。有的气质是天生的，但是有的气场是后天培养的，我在此举这个例子也正是想告诉大家：

第一，没有不漂亮的女孩，只有不打扮的女孩，这句话是对的。不是说打扮就是浓妆艳抹，这是人生最美好的时候，不要让这朵花还没有开放就凋零了，所以注意细节和自身的礼仪是最重要的，发展自己的特长，展现自己的个性，就会被大家接受和赏识。比如李璐，她从小就成绩不好，但是她有自己的性格与优点，并根据这些而做最适合她自己的事情，在自己的世界里闪闪发亮。

第二，注意自己的卫生。我有这样一个同学，她很不喜欢洗头发，加上她又长得胖胖的，所以看起来就油光满面的样子，有很多次我都开玩笑提醒她应该去洗头发了，可到了第二天，她还是顶着她的"大油田"来上课。其实现在这个年代，营养过剩而体型丰满的女孩子很多，可是她却变成了全班男生攻击的对象，年少的时候所有的伤害都是尖锐的，所以面对来自同学的攻击，她变得更加内向与迟钝。后来她有点破罐破摔的势头，每天都会在课间买很多的零食，并将包装袋随处乱扔，导致班里的同学都对她意见很大。其实自身的条件都是可以改变的，但是一个不懂礼貌不讲卫生的人永远都不能被他人接受。

我居住的楼道里有一只灰色的小泰迪，我觉得它很可爱，所以总是抱着它逗它玩。然而，它的主人天天都带着它在楼道口大小便，因为电梯正好在楼道口，所以每次等电梯的时候，所有人都只能捂着鼻子。针对这个问题，物业已经不止一次跟狗的主人交谈过，希望她能注意好狗狗的卫生，但是她还是我行我素。最后，有人趁着狗主人不注意的时候将它抱走了，她急得挨家挨户去敲门，到处寻找她的狗狗，但是没有半点消息。其实，当时有很多人都看见狗被人抱走的事，但是没有一个人出面阻止，也没有一户人家告诉她事实，只是在心里认为她是咎由自取。这件事给我的感触颇深。另外，我们居住的小区楼下有一片花园，每天晚上都有很多的狗在那里玩耍，大部分人都会自备报纸和塑料袋去收拾好狗的排泄物，但也有一部分人任由狗狗排泄到大街上，并认为理所当然。一个人的礼节决定了这个人的整体素质和给人的印象。一个雍容华贵的贵妇在路上行走，踩到了别人的脚还说自己的鞋子被人弄脏了，所有的人都骂她并鄙视她，最后她只有跟人道歉，狼狈地走了。一位盲人听到有人在街头拉二胡卖艺，便从口袋里掏出两块钱摸索着递给卖艺的人，还说你拉得真好，可惜我看不见，钱也不多，所以只能给你这么一点了。而在场的所有人都惭愧地注视着这两个身残志坚的主角。其实无论我们是贫穷还是富有，美丽还是普通，只要我们能够好好注意自己的行为规范和生活细节，那么被人爱戴与尊重其实是一件很简单的事情。

最近我的好朋友愤愤不平地跟我说了她去一个模特公司面试的故事。我朋友的身材高挑，体态也特别好，上镜很漂亮，念书的时候就一直是活跃在舞台上的人。她这次面试是和我另一个闺密一起去的，我们三个是从小一起长大的，所以关系很好，也是学校公认的姐妹花，但是不可否认的是，她确实是我们中最漂亮的一个。而这回，她们两个一起去面试，她却输给了另一个闺密，这个结果让我有些吃惊。不过我知道她平时一直都有些刻薄，所以想听听另一位闺密的说法。

另一位闺密叫小艾，我打电话给小艾的时候，她正在焦急地给舒帆打电话，也就是我那位朋友，应该是想要向她解释。接到我的电话后小艾也是满腹委屈的样子。她说其实公司一开始是想要舒帆的，但是后来她们面试完毕后一起去游乐园拍了一组照片。小艾一直在陪身边的小朋友玩耍，看起来就像甜美的小公主，而舒帆一直都在摆动作，看起来十足的女王范。后来公司看了照片之后却意外地选择了小艾作为签约模特。

我看了两人的照片，小艾的照片里，她正抱着一个三四岁的小女孩，笑得如花似玉，神态清新可人，完全没有做作的痕迹。而在舒帆的照片中，我看到她身后有个男孩在哭，她依旧保持着高傲的架势，完全没有理会哭泣的男孩，在这样的背景下一直换了无数个拍照姿势。的确，如果是我，我也会选择邻家女孩一样的小艾，对于女孩子来说，美丽很重要，善良更是重要。

生活中处处都是小事，喜欢一朵花就把它摘下，爱一朵花就看它长大。能够控制自己的言行并一心向善的女孩子才能够拥有幸福和事业，并最终实现梦想。每一个女孩子都是一面镜子，我们照得到别人，却看不清自己，只有经常擦拭与修正，在别人眼里的我们，才会是闪闪发亮的。

言由心生，心里明媚的女孩子才最美。想要表现自己，首先要学会端正自己的态度，一切从小事着手。也许你在不经意间为父母倒了一杯茶，父母可以为此感动很久；也许你偶尔捡起同学掉在操场的钱包，老师会对你刮目相看；也许你起身给老人让一个座，你心仪的男孩会悄悄注意到你。所有的事情都有以小见大的一面，从蛋到鸡需要受精，产蛋，然后经历孵化的过程。这个过程看似容易，但却有无数种可能，我们只能在整个过程中积少成多，慢慢累积经验，增长见识以及发现美丽，才能最终变成一只凤凰。

让我们开始注意生活里的礼仪和细节吧。

第一，每天微笑和保持自信，列好时间表并且严格执行。一个女孩子，微笑才最美，自身礼仪就是微笑，不骄不躁，也不犯公主病。不论自己美丽与否都坚信自己有闪光的一面，保持自身的气质与个人卫生，走路时昂首挺胸，要相信自己是最美最香的那朵花。

第二，从小事开始，逐步改变自己。自己的事情自己做，能在饭后帮父母洗碗，能够不乱扔纸屑，能够做到垃圾分类入篓，能够承担自己的责任。

我相信，细节决定成败，总有一天我们都会光芒万丈。

做一个热情的人

热情是一种人生态度。

最近我在参考各大网站上的优秀简历，在性格这一栏上总会有热情这两个字。确实，热情在当今社会几乎是一种必备的性格。交朋友、找工作、谈恋爱等都需要热情，热情似乎是与人为善的重要条件，但是热情到底是什么呢，到底怎样的热情才能显得真诚和温暖呢。

鲁于杰和吴昊是这所学校最受欢迎的男孩，鲁于杰好像是王子又好像是天使，背影里总是有莫名的忧伤和让人捉摸不透的距离。吴昊是鲁于杰最铁的哥们，但是两人却有截然不同的性格，吴昊可谓是手离不开篮球嘴离不开瞎话，两个人就好像一个生活在日光里一个生活在月亮下。

两个人在学校里受欢迎的程度不分伯仲，却丝毫不影响他们深厚的情谊。鲁于杰各科成绩优秀，全面发展，虽然不是很喜欢体育活动但是身材却很好；吴昊却是各科成绩都不好却唯独体育全才。虽然两人好得穿一条裤子，但是却完全不能互补，吴昊怎么样也叫不动鲁于杰和他一起打球，鲁于杰怎么都不能让吴昊在课堂上不打瞌睡。

两人的拉拉队却总是干架，每天早晨都会有无数的女生为他们争吵。女孩子的世界永远都是自我而骄纵的，都觉得自己的男神是最帅气的。吴昊和鲁于杰每次都会以一种莫名其妙的眼神注视着这些好像跟自己有关又好像完全没有瓜葛的人。直到那群女生面红耳赤快要大打出手才会上前劝一劝。

这一年这对铁哥们却有了隔阂，原因是他们同时喜欢上了班花汪博雅。汪博雅长了一副小鸟依人的模样，和班上所有的男孩子都很玩得来，她性格随和各科成绩也很好，在学校很有名。十五六岁的男孩子比十五六岁的女孩子要含蓄内敛得多，也不会有那么多花痴的行为。但是这个年纪的男孩心思都很单纯，喜欢上一个人不会像女孩子一样花痴和持续不了多久就会忘记。所以汪博雅的出现还是严重地影响了两兄弟的友谊。

汪博雅是初二这年转到这所学校的，她父母来这座城市做生意。这是一座北方城市，女孩子一般都强壮有力，大大咧咧，不像南方的女孩子那么小鸟依人、温婉如玉。所以汪博雅的到来好像给这所学校带来了一汪清澈的泉水般，让所有的男孩子都眼睛一亮。鲁于杰和吴昊也一样，看惯了北方女生的豪情万丈，对突如其来的小家碧玉有了一份掌上明珠似的悸动。

吴昊和鲁于杰都看出了彼此的变化，两人都曾说过，只要有喜欢的女孩子就要告诉对方。这天两人好像商量好似的，吞吞吐吐的想要说出自己心里的秘密。吴昊提议说那就写字条吧，然后互换，这样都不会尴尬。其实两人都有些自欺欺人，年少的秘密是火，怎么也捂不住，两人心里有数，但还是抱着侥幸，希望不会出现电影里那种好兄弟喜欢上同一个女孩子的情节。

打开纸条的时候两个人都明显有了尴尬的神情，半天都没有说话。纸条上偌大的汪博雅三个字好像灼热的火焰，烧到两个人的心里面。少年都是骄傲的，这又是第一次喜欢的人，所以都有些咄咄逼人的气势，最终两个人商量公平竞争，不论结果如何都不会破坏彼此的友谊。

但是明眼人都看出了两个人在逐渐疏离。鲁于杰比较慢热与冷漠，吴昊却满腔激情，所以自然很快地和汪博雅交上了朋友。对此，鲁于杰有些着急，但是却不知道该怎么办。他开始默默地看那些女孩子写给他的情书，然后再写给汪博雅看。这学期安排位子时，鲁于杰成了汪博雅的同桌，两人的关系一下就亲近了。

过了一段时间，全校都知道鲁于杰和吴昊喜欢汪博雅。女孩子的嫉妒之情都写在了脸上。汪博雅装作毫不知情，却意外地接到了鲁于杰和吴昊的表白。

她并不知道怎么选择，她似乎在爱情上有些迟钝，她不知道那是一种什么样的感觉。为了不造成这对兄弟的困扰，她选择了都做好朋友。

也许你们会问我这和热情有什么关系。这是我的故事，我从小生活在如水一般温润的南方，后来因为父亲的工作需要，初中时我转学去了北方的一座小城，我喜欢那里人民的好客和热情。其实在我看来，热情不算是一种性格，而是一种心态。

这个故事里，也许你们会认为吴昊更热情。他热爱生活，健康向上，能轻易地和同学打成一片。但是热情其实并不是表面的开朗，每个人表现热情的方式都不同，鲁于杰是温柔的热情。他对待生活和周围的人是一种温润的态度，但不能否认他也是充满热情的人，在我的概念里，我从来都不觉得热情是一种表达方式，而是一种心态。

方馨是学校的音乐老师，她待人谦逊温和，同学们都很喜欢她。她有一副动人的歌喉，跟树边的黄鹂一样嘹亮，所以每次都会代表学校去参加音乐会。可是上帝总是会让人生有些波澜，二十六岁的方馨老师患上了喉癌，手术后再也不能歌唱了。病床上的方馨老师望着天花板的顶灯，觉得人生真的太过无常。

那是我的小学老师，四年级的时候突然就没有了音讯，直到我回母校去看望的时候突然看见她在学校的教务处工作，便想去拜访一下。她一开口就让我大吃一惊，原来清脆的喉咙已经沙哑得不成样子，配上她依旧温柔的笑容和眼神，有一种特别的悲伤。我有些无言，不知道怎么安慰她，她却主动拉我坐下并热情地问我这些年上学的事情。慢慢地闲聊开了，我才小心翼翼地问她喉咙的问题，她很自然地告诉了我她当年的病情，然后有点自嘲地指了指自己的喉咙，说再也唱不了歌了。我愣在那里很久却不知道怎么安慰她。

但她却异常兴奋地告诉我，虽然上帝关上了一扇门却真的给她开了另一扇窗。以前她认为自己只能唱歌，但是在医院那段日子，在化疗的折磨下，她心情异常复杂，便写出了很多的歌。以前她就只是个唱歌的，只是看得懂五线谱，但是失去了甜美的嗓音后她才知道，原来自己除了唱歌以外还可以创作。后来她告诉了我很多现在当红的歌曲名和她的笔名，我回家搜索后才发现她已经小有名气了。

她是可以放弃的，放弃希望然后就这样做一辈子的行政，后勤工作也可以保证她一辈子安稳无忧，但是她的热情让她的生命之火不能停息，让她不甘心安稳地过一生，热情是一种心态，这种心态会让我们战胜一切的困难并坚持下去。

大家现在对热情是不是有了不一样的理解了呢，我所说的做一个热情的人，不是表面上的热情，而是一种对自己对生活的热情。

45

第一，想要做一个热情的人，至少要对生活充满希望，做到表面上的热情，保持微笑，对所有人都彬彬有礼。热情是黑暗里的一盏灯，能够照亮一条路，所以热情会让人们看见我们并成为我们的朋友，给我们帮助。热情是一团火，能够温暖我们身边的人，并让我们在人群里显得温暖，就像太阳给人们带来的温度一样，热情会让我们变成一颗发热的小太阳。

第二，做一个热情的人，必须拥有一颗抗压的心，良好的抗压能力会让我们更坚强。热情是一种心态，这种心态和我们的选择相辅相成，能够面对人生的人会越来越强，懦弱的人只会越来越被动，直到被黑暗吞噬。

第三，热情和乐观是亲兄弟，如果乐观是一种心态，那么热情就是这种心态下的行动。所以保持乐观的心态，自然就能够拥抱热情的生活。

保持热情，生活终究会赐予我们崭新的一面。

保持一颗开朗的心

莫爱的名字是妈妈起的。

莫爱的爸爸在莫爱还没出生前就离开了妈妈，所以莫爱从来不知道爸爸的样子。妈妈是流着眼泪给莫爱起名字的，这个名字的意思也很简单，莫爱，不要爱。

但母亲是个不会轻易被打垮的人，莫爱的童年过得很幸福，虽然没有父亲的怀抱，但是母亲给足了莫爱想要的所有东西。和名字正好相反，莫爱从小就特别受男孩子的欢迎，看来不要爱这一点莫爱是做不到了。

莫爱和她文艺的姓名有些不相符，她是个特别能闹腾的疯丫头。《还珠格格》热播的时候，莫爱觉得自己是夏紫薇，总有一天会去一个富丽堂皇的地方找到自己的亲爹，但是所有人都认为莫爱是小燕子，那疯疯癫癫的样子真的和小燕子一模一样。

莫爱六岁生日的时候，母亲在阁楼上翻出了一本老旧的相册，莫爱有些莫名地看着相册上陌生的男人，母亲告诉她这个人就是她父亲，莫爱盯着相片看了很久，然后拿起来对着镜子比照，怎么都觉得自己不太像他。母亲看着莫爱的举动笑出了声，她以为莫爱会问问父亲的去向和他原来的故事，但小莫爱只是拿着照片看着母亲说自己长得一点都不像爸爸。本来一件异常心酸的事情却被小小的莫爱轻易地化解了，母亲抱着女儿心里有些感慨，也许过去的事情就真的可以过去了。

莫爱小学时一直是男生头，刚开始很多人都会笑话她，后来也就慢慢习惯了，母亲总是问莫爱为什么不像别的女孩子一样蓄起长发，莫爱总会稚嫩地回答因为这样比较特别。莫爱的欣赏眼光让母亲有些不理解。小小的莫爱心里有大大的城堡，那座城堡开满了花。

初中的莫爱留起了长发。一天她突然接到了父亲的电话，莫爱拿电脑百度了一下来电显示的号码，发现父亲在香港。她有些激动，也不知道这件事情该不该告诉母亲，父亲在电话里说很想念莫爱，说莫爱是他唯一的女儿，说有机会要来内地，想知道可不可以看看女儿。当年父母为什么分离以及父亲的去向母亲从来都只字不提。莫爱也觉得没有必要问得太多，免得伤母亲的心，但是现在突然接到了父亲的电话，这让莫爱本来没有涟漪的心突然激起了千层的浪花，她突然记起照片上男人的脸，觉得迷茫。

莫爱终究还是把父亲的情况告诉了母亲。母亲是豁达的女人，听到莫爱的话沉默了一会儿便微笑着告诉了莫爱父亲离开的缘由，也没有那么多的借口。父亲是船员，在海上开船，认识了香港的陈小姐，两个人一见钟情。而父亲和母亲的婚姻也只是属于介绍和包办的形式，所以两人并没有什么感情。父亲回来后就直接跟母亲摊了牌，母亲并没有过多的挽留，只是告诉父亲自己已经怀孕的消息，但是没有感情的婚姻很难维持。父亲还是在巨大的愧疚和纠结中选择了前往香港，去和陈小姐开始新的生活。

莫爱像是听了一个完全事不关己的故事，没有半点表情。听完之后无所谓地拍了拍母亲的肩膀说，就这么个故事啊，太三俗了，谁也怪不得，没事，等爸回来了咱一起吃个饭吧。

父亲在一个星期之后来到了莫爱的学校，他有个异常搞笑的名字叫做莫名，还真是够莫名其妙的。莫爱听母亲告诉自己的时候险些要笑出声。父亲在学校门口接莫爱，放学之后莫爱的心情还是很忐忑的，不仅仅是她从未谋面的父亲突然出现在了自己的生活里，还因为她完全不知道父亲的长相，并且父亲也从没回来看过自己。她脑子里突然有个场景，就是父亲在校门口和自己擦肩而过，或者是遥遥相望却不敢相认。想到这里莫爱觉得有点悲伤。

但是事实并非如此，虽然从未谋面，但莫爱在刚走到校门口的一刹那就一眼认出了自己的父亲，血浓于水这件事情真的很奇妙。这时父亲也看见了莫爱，莫爱脑子里幻想的那些尴尬的情景并没有如期上演，这让莫爱放松了不少。

母亲已经在餐馆订好了座位，三个人一起难免有些尴尬。莫爱埋着头吃饭，父亲偶尔问问莫爱学习生活的情况，莫爱一边回应着一边不断地往嘴里塞食物，那顿饭莫爱吃得快要吐了，她感觉消化掉那一顿饭最起码需要三天的时间。

父亲只待了五天就回香港去了，莫爱没有去送。父亲走的那天是周六，莫爱谎称学校要补课，在学校的操场上坐了一个下午，头顶上偶尔有飞机掠过，她在想那上面是不是有自己的父亲，盯着天空看了半天她突然觉得眼睛有点湿，莫爱不知道自己有多久没有流泪了，也可能是盯着看的时间太久眼睛累了。

日子过得断断续续的，父亲偶尔会打电话来问候一下莫爱的情况，莫爱也会记得在父亲节或者父亲的生日那天给父亲发个短信问候一下。过年的时候莫爱总能在校传达室拿到父亲给自己寄过来的包裹，包括香港的小熊饼干和巧克力曲奇之类。盒盖子上总是贴着一两张港币作为压岁钱，莫爱特意到中国银行去办了一张外汇的储值卡。她有时会责怪父亲为什么会突然出现在自己的生活里，让自己突然就明白了思念的含义。如果一直都那么云淡风轻的生活，这个人从来都没有出现过，那么也许日子会比现在要好过吧。

天将降大任于斯人也，必先苦其心志，劳其筋骨，饿其体肤，空乏其身。这话莫爱现在真的懂了，上天似乎总觉得莫爱能够承受得更多。高二那年，相依为命的母亲患上了淋巴癌。高中的莫爱是住校的，母亲手术之前并没有跟莫爱说。手术做完的第二天莫爱才接到了外婆的电话，放下电话莫爱就风风火火地去了医院，病床上的母亲挂着呼吸机，莫爱感觉心里空空的不知道该说什么。

陪莫爱来医院的闺密知道莫爱从小到大的故事，眼圈红红的想要安慰莫爱，莫爱却笑了笑说没事，上天想要我做一个小超人，那我就拯救世界吧。

这是个真实的故事，我的故事。

我不叫莫爱，但是我喜欢这个名字，我现在写这篇文章的时候，内心平静，母亲在做第五次化疗，激素的刺激让母亲突然胖了一圈。

以前遇见困难的时候，我总会告诉自己都会好的，这话我一直在说，但是我现在真的不相信了，我知道这件事情过去了还有更多的事情要处理，生活不是一帆风顺的。

我身边的朋友都会叫我小超人，他们总会说我是他们的正能量。我很喜欢他们这么叫我，其实做一个小超人挺好的，很多事情听起来不容易，但是真的没有那么困难。

我把我的故事写出来，只是想告诉你们，保持一颗开朗的心其实并没有那么困难。

第一，勇敢。勇敢不是说出来的，是做出来的。勇敢是开朗和乐观的前提，我的小妙招是：当我觉得我快要撑不下去的时候我会告诉自己，至少我还活着，快不快乐我都必须要活下去，我为什么要不快乐呢。其实每个人都可以做得到，绝境里更能够找到希望，因为只有一条路。

第二，乐观。没有什么会永垂不朽，花朵会凋谢，泉眼会枯竭，没有什么困难是无法战胜的，也没有什么灾难是值得我们崩溃的。流了泪我们还是要面对，乐观积极地面对才是唯一的选择。

我的母亲很快就会好起来，我的父亲生活幸福，我很快就可以毕业，然后自力更生过更好的生活。我很感激生活的馈赠，我可以面对，我可以保持乐观并一直微笑，为什么你们不可以呢？

我们都没有理由不快乐。

随和赢得好人缘

计划生育在一定程度上确实抑制了中国人口疯狂增长的趋势，但是也养成了我们这一代人的一个弊病，那就是骄纵成性。每一个家庭都只有一个宝贝，因为独一无二所以显得那么的闪闪发亮，无论是男是女都有一种莫名的优越感，这种优越感好像是与生俱来的。

我们没有兄弟姐妹，我们似乎骨子里就带上了自我的成分。

从 80 后开始，个性叛逆成了我们这一代的标签，个性好像就是我们活下去的目的，没有个性就无法存活，但是当我们保持个性的同时却忘记了这个世界不只有我们，每个人都保持自己的个性，每个人都不让步，那这个世界会变成什么样？

随和，我似乎很久没有看见过这个词了，这让我想起了一个故事。

我小学时，有一次学校组织春游，高年级的学生和低年级的学生搭档。我当时五年级，搭配的是二年级的小朋友，学校要求我们抱着二年级的小朋友坐，但是有的小朋友可能在家里宠爱惯了，上去就自顾自地坐下来，导致一辆车根本就不够用。我记得我带的是我们英语老师的女儿，她很听话，所以我们相处得比较融洽。我一路上抱着她，虽然觉得很重但是也挺开心的，而班里的几个男孩子却是一路站着到的游乐地点。按理来说应该由我们牵着他们到游乐场和老师会合然后一起游乐的，但由于在车上的不愉快，我们班里的几个男生下车就没影子了。我们当时也很小，没有办法带着那些男孩子，老师也没有多余的精力顾及到我们，所以最后谁都没有发现那几个男孩子在游乐场门口等了我们一天。等到傍晚行程结束出园时，才发现那几个男孩子坐在门口的石凳子上不知道哭了多久，眼睛都是红红的。

在回校的车上，老师给我们讲了随和这个词，这是我第一次听到这个词。大意就是把凡事都看得淡一些，心态豁达一些。还给我们讲了一个很老的故事，就是一个父亲和一个孩子做的一个实验，把一滴污水滴入一杯清水里，水很快就浑浊了，然而把一杯污水倒入一片大海里，海水依然清澈。其实每个人都能够成为一片汪洋，只是我们一直把自己当作一杯污水。老师还告诉我们，如果这群二年级的小弟弟没有在门口等我们而是自己进园去找我们，如果遇到了坏人，那么后果更不堪设想。所以心态不好会造成很严重的后果，现在想起来也觉得的确如此，如果我们班的男孩子能够大度一点、谦让一点，那么事情也就不会发生了。

我遇见过最随和的人是沈屹，我初中时的好朋友。她很漂亮，是我们班的班花，但她不像别的班花校花那样因为长得漂亮而容易被人嫉妒，她不仅人长得漂亮而且心眼也好，男孩女孩都喜欢她，愿意和她做朋友。班里还有个女孩子叫王羽佳，很胖且不好看，班里的人都不愿意和她做朋友，不知道谁还给她起了个外号叫杨贵妃。初一的时候我们刚刚接触历史，知道杨玉环珠圆玉润的，但是在唐朝人的眼里她却是举世无双的大美女。我们都在背后笑话她应该穿越到唐代去生活，那个时候都是青涩而桀骜的，完全不在乎别人的感受。王羽佳是我的同桌，本来我们是很好的朋友，但是看着班里其他人排挤她，我也开始疏远她了，觉得不能因为跟她做朋友而被班里的同学讨厌，所以只能和班里的同学一起不喜欢她。后来这种风气愈演愈烈，老师放在桌上的作业本每一科的课代表都不愿意发她的，她的任何物品都像是病原体一样在班里扔来扔去。那种排斥恶毒得难以想象，我有时候会看见王羽佳偷偷地流眼泪，看得心里特别难受，然后就趁班里人都不注意的时候偷偷给她递纸巾，她竟然会像看待亲人一样看待我。我家住得比较远，早上经常来不及吃早餐，她心思很细腻，总会买好早餐放在我桌上，班里人都不知道是谁给我的，还调侃我说是不是有人暗恋我，但是我知道，不过从来都不敢告诉他们，每次吃着王羽佳带给我的早餐，看见她胖胖的脸蛋傻傻的笑容就觉得特别的不好意思。

这种风气一直持续到沈屹成为语文课代表的那一天。她抱着一摞崭新的作文本进来的时候一本一本地发到同学手上，发到王羽佳这里的时候很自然地冲着王羽佳笑了一下，王羽佳顿时有一种受宠若惊的感觉，唯唯诺诺地说了句谢谢。这回轮到沈屹不好意思了，她挠了挠漂亮的长发，眼神清亮地说了句没事。我看着沈屹自然的模样顿时觉得自己像个小丑，为了迎合观众而伤害自己的好朋友。

这天沈屹又抱着批改完成的语文作业来到班里，晚自习时作业比较多，沈屹就没有急着把本子发下去而是先回到座位上计算还没有完成的数学题，我们一般都会在完成作业之后自己去拿自己的作业本写作业。陆陆续续有人上台去拿作业本了，人群中突然发出了一连串的惊叫。我看见旁边王羽佳紧张的脸知道新一轮的嘲笑又要来了。的确，人群之中开始飞传一本蓝色的印有三只小猪的作业本，那时候流行非主流的头像，对于这类卡通形象本来就有一种莫名其妙的排斥，加上这个本子的主人还是王羽佳，我看见王羽佳都快要急哭了的表情，很是揪心。

本子在空中飞来飞去，然后哗啦一声，散了架，天女散花一样落满了教室，大家都有点吃惊，但是很快就爆发了哄堂大笑。我觉得莫名其妙，身边的王羽佳已经有些泣不成声了。

沈屹却发火了，这是我第一次也是唯一一次看见这个漂亮的女孩子发脾气。她清亮的眼神充满了愤怒，直接走上讲台把所有的作业本全部扔出了窗外，那动作比成龙的武打片都要帅气，她说："你们真的都很没教养，人心都是肉做的，你们做这样的事情我不知道有什么意义，也许人家是比较胖，但是人家又没有吃你们家的米！你们有没有想过自己究竟在做什么！"

话很短，但是所有人都不做声了，那次晚自习是班里最安静的一个晚自习。下课之后再也没有男孩子对着王羽佳带着嘲讽地吹口哨了，我明显看到了王羽佳眼角泪痕里的感激。

今年我们初中的同学聚会，这是我毕业后第一次见到王羽佳，她完全变了模样。她那天晚到，所有人看着门口光鲜亮丽、楚楚动人的她都没有猜出来是谁，等她报上名字的时候我们都吃了一惊，她笑着说女大十八变，后来的聚会时间里所有人的眼睛里都带着深深的歉意。

年少的时候我们总觉得自己是最好的，我们的眼里心里永远都只能看得见自己，我们从来没有反思过自己给别人带来的伤害却总是在责怪命运的不公平，这就是因为我们没有学会随和。随和是一种精神，这种精神也许没有诺贝尔那么伟大，但是这种精神会让我们在生活里更加从容与冷静。

随和可以给我们带来更多的朋友，也更容易取得别人的信任。随和并不是一个宽泛和空洞的词汇，随和是一种态度，会让我们更加的坚强与冷静。

用幽默提升人气

开玩笑是朋友之间平常的调侃方式，好的玩笑会逗得所有人一乐，然后在心里记住这个人。幽默的解释也很简单，就是能经得起玩笑也会开玩笑的人。

我小学的时候性格特别内向，二年级时还叫不全班里人的名字，只爱跟一个人玩，很不喜欢参加集体活动，春秋游夏令营之类的都是能免则免，也不喜欢运动会什么的。但是老师都挺喜欢我，觉得我懂事听话，三年级的时候派我代表班级去参加普通话朗诵比赛，我当时紧张得不行，结结巴巴地念了一篇文章，意料之中地没有获得名次。当时我很沮丧，可是班主任却安慰我，说如果我不紧张一定能拿到冠军，并且告诉我说如果以后我能够大方一点会更棒。

小的时候对每一次的正面评价都很看重，每一次被夸奖都会觉得这是一种莫大的荣耀。从那之后我就开始尽量克服自己的恐惧，五年级的时候我竟然主动报名参加了班里的联欢会，看见我的名字出现在演员表里，很多同学和老师都很吃惊，以前，我永远都是最默默无闻的那一个。我表演的节目是讲一个笑话，那是我第一次当着众多同学的面表演，笑话其实很短，我现在已经记得不是很清楚了，只知道上台的时候面对着鼎沸的人群，我立刻就蔫了，完全忘记了昨晚背得滚瓜烂熟的故事，只有硬着头皮自己胡编乱造，最后下台的时候我相信所有人都没有听清楚我到底讲了一个什么故事，但是都给了我热烈的掌声。我在台下羞得不成样子，但是竟然会有同学过来说我表演得很不错。

少年时候的赞美都是发自内心的，那些语言朴实而真挚，也容易让人相信，我其实特别感激给过我肯定的那些人，有的人说伤害会让人成长，可是最诚挚的赞美却会让人动心。

年少的时候就是要勇敢地去做一些我们曾经认为很难以接受的事情，比如上台表演，比如勇敢地和一个陌生人打招呼，比如伸出手和某人交朋友，这些小事会锻炼我们的口才。也许你会纳闷这些到底和幽默有什么关系，我想说的是幽默的第一前提就是大方。

幽默大方一直都是相辅相成的，你必须是一个大方的人，大大方方地说话做事，不造作不矫情，幽默一定要是真诚而对人无伤害的，那样才会让人幸福和愉悦。幽默的人一定是大气的，他们的身体里会有一种亲民的气质，那种气质也许不儒雅、不温柔，但是那种气质一定是善良的，会逗人开心的人一般都很受人喜欢。

我记得我高中的同桌长得很帅气，最主要的是他每天都会露着大白牙对着我笑。我高中跟他同桌了一年，每一天都会笑得肚子疼。那个时候流行讲冷笑话，我永远都记得小明回家的冷笑话，大意是：小明去沙漠旅游了，可是怎么沙漠里只有一趟脚印呢，我当时的第一反应就是小明是一条蛇，遭到了他莫大的白眼，然后他告诉我正确答案小明是骑脚踏车去旅行的，别急这个故事还没有完，他会接着问我小明回家了，妈妈是怎么知道的呢。我第一反应当然是小明提前跟妈妈联系了，又遭到了巨大的鄙视，他告诉我是因为妈妈看见停在家门口的脚踏车了。我每次听见他的冷笑话都会觉得这个世界冰冻了，但是看见他的笑容又会觉得如沐春风，我不知道这种感觉是不是叫喜欢，我只知道跟他同桌的时候觉得特别特别地满足和幸福。

后来班里慢慢地有了关于我们的传言，那时候女孩子心里都有一个王子，这个王子可能不一定要是自己的，但是每个人都希望这个王子身边没有公主。并不是想要做这个公主，而是每个人都希望自己有平等的机会和幻想。

所以等流言慢慢收不住的时候我变成了班里女生的公敌，时间长了校里的女孩子都认识我了，每天我的身后都会有很多的白眼和闲言碎语，对了我忘了说，我同桌有个特别怂的名字叫王志坤。那时候因为他老是喜欢上课逗我，班主任竟然也找我谈话，说现在要以学业为重，不过我们的班主任是一个特别开放幽默的小老头，他对我说这些的时候眼睛眯成了一条缝，我尴尬得不得了。

　　我一般都不会在乎别人的流言蜚语，我一直都相信那只是嫉妒心在作祟，不会影响我分毫。直到有一次我在公交站等车，好朋友那天请假，我一个人坐车回家。突然有一群女生过来堵住我的去路，然后像要打群架一样告诉我要离王志坤远一点之类的话，我本来不想理会，但是却被一个大块头的女孩子挡住了去路。千钧一发的时候，一个烂俗的情节就这样发生了，王志坤正好往这边来，我以为小说里的情节会出现，幸福地等待王子来保护我的时候他却狠狠地在我面前摔了个狗吃屎，当时那个情况我真的不应该笑的，但是看见王志坤那张喜庆的脸和他摔倒的姿势我就很没有形象地大笑起来。那群女孩子也有的忍不住笑出了声，领头的好像是大姐大，她关切地上去准备搀扶王志坤一把，我也明显看见了她嘴角有点憋出内伤的笑意。王志坤特别怂地说了句，给各位大姐磕头了。我特别嫌弃地看了他一眼，他还是一副傻呵呵的表情跟我们开着玩笑，小说里的那些男主角为了保护女主角的情节根本就没有上演，反而变成了一群怒火中烧的人愣是被他举手投足的幽默气质感染得笑个不停。后来那些女孩子再也没有为难过我。其实我挺喜欢王志坤这种解决方式的，虽然在第二天我会骂他真逊，但是从心里佩服这个男孩的幽默气质。如果像那些恶俗的剧情，结局都会是男主角受伤去医院，明天学校还会处分批评，说不定会闹得人尽皆知，这样的结果会比现在这样和谐圆满的收场要好得多。

所以，幽默可以有效地化解尴尬，王志坤的举动让我后来和那些女孩子都成为了很好的朋友，在路上碰见会勾肩搭背地回家，也没有影响我和王志坤之间的情谊。

那已经是高二的下半学期了，我和王志坤认识也有一年半的时间了，同桌也快一年，我总认为班主任小老头每天笑嘻嘻的眼神里有故意的成分，班里调动了几次座位都没有把我和王志坤调开。那是一节地理课，高二下学期我们已经分科，我和王志坤都是学的文科留在本班不动，地理老师是大学里刚刚毕业的大学生。那天是地理晚自习，我们在看多媒体的教学视频，通常老师在讲完课程的内容之后，会让我们放松一下给我们放一部外国的大片看，高中的生活是很紧张的，但是我很喜欢我那些老师教书的状态，永远都是怡然自得的，这样也能充分调动起我们的积极性。那天看的电影是安妮·海瑟薇的《公主日记》，王志坤在我旁边第一次那么认真，我看着他严肃的模样觉得特别搞笑，我问他你是不是准备求婚啊，哪知道他吓了一跳说你怎么知道。这回轮到我莫名其妙了，平时我们不咸不淡地开开玩笑他总是会很轻易地接过话茬，今儿突然一反常态让人觉得那么的不适应。

他突然就涨红了脸跟我说，唉，那个，你反正也没人要，要不我们早恋呗。我对这样的告白简直是瞠目结舌，看我半天没说话，他又说我这不是为了人民群众考虑吗，如果我有女朋友了她们就不用在我身上花心思了，你说每天写情书，晚上夜不能寐的多耽误学习啊，为了人民群众的安定团结我就委屈一下自己吧。

我一巴掌拍在他的脑袋上。

幽默是一种生活态度，可以化解尴尬，还可以汇聚人气，做一个幽默的人，享一份快乐的人生。

不是因为可爱才微笑，
而是因为微笑才可爱

　　杨小美总是喜欢拉着她漂亮的小脸蛋，从小到大都是这样，她是家里的独生女，集万千宠爱于一身的掌上明珠，这些导致了她看谁都不顺眼。小美从小到大都有一个克星，那就是胡丽丽，胡丽丽长得不怎么好看，但是却总是有小伙伴围着她转，杨小美的女王风头被她抢了一大半，所以大家都戏称她们是"美丽组合"，杨小美是冰美人，胡丽丽却让人如沐春风。

　　其实胡丽丽和杨小美是名义上的姐妹，两人没有血缘关系。胡丽丽是她们新的四口之家里爸爸的孩子，杨小美是妈妈的，父母两人都是丧偶后再结合的。胡丽丽很欢迎这个新妈妈，但是杨小美却异常讨厌胡丽丽，在没有胡丽丽之前，所有的东西都是杨小美的，虽然没有爸爸但是从来没有觉得缺少什么。现在胡丽丽出现了，抢走了她生命里大部分的光彩，杨小美每次想到这里总是气不打一处来，所以就喜欢欺负胡丽丽。虽说两人同龄，但是胡丽丽在月份上要大杨小美一些，所以被杨小美欺负后也不恼。别人问胡丽丽为什么不生气的时候，她总是微微一笑，说让着妹妹吗，她还小。

两人上小学的时候，杨小美成了一个标准的小美人，所有人都会说杨小美长大了肯定会倾国倾城的，而胡丽丽却还是那么普普通通的，但是喜欢胡丽丽的人永远都比喜欢杨小美的多，老师、同学、甚至自己的家人。众人夸赞杨小美的永远都只有那么一句话："哟，小美又漂亮啦。"而所有人都会亲切地抱着胡丽丽说："丽丽又高了，又重了，又可爱了，懂事听话真是好孩子。"杨小美每次看见这个情形总是恶狠狠地盯着胡丽丽。杨小美的母亲每天都会派车去门口接小美和丽丽，小美总是让司机给自己开门，然后跳上副驾驶的位子，而丽丽总是自己开后车门然后自己坐上去。很多次丽丽留下值日，等做好卫生出门时，小美已经叫司机开车自己先回家了。小美从小就是一副公主的高傲样子，而丽丽从小就像个可爱善良的邻家小女孩。

两个孩子日渐长大了，小美越来越高挑美丽，而丽丽还是那么瘦瘦小小的，丽丽虽然大小美几个月，但是从来都是穿小美扔了不会再穿的衣服，每次父亲问丽丽要不要买新衣服的时候她总是会说不用了，小美的衣服都很好看啊。

其实丽丽从小都是暗淡的，她只能够让自己尽量懂事。父亲再婚的是自己的顶头上司，新的后妈是个女强人，虽然没有像那些恶毒的后妈那样打骂过丽丽，但还是偏袒着小美。每次丽丽被小美一个人甩在路边，然后只能自己一步步走回家，她的眼泪在眼睛里打转，但还是尽量克制自己并保持笑容，丽丽知道自己只有努力才能够生活。

转眼间，小美和丽丽都已经进入初中了，小美的成绩不如丽丽，所以老师特意把这对姐妹花安排在一起，希望她们能够互相帮助。此时，小美已经出落得跟一朵芙蓉花一样，每天都会有很多的情书出现在抽屉里，而丽丽总会充当送信的角色。小美每次拆开信件的时候总会在丽丽面前百般炫耀，然后揶揄地说："哟，你跟我坐在一起挺沾光的啊，人家还以为是送给你的呢。"丽丽总是默默听着，不反驳也不气恼。

这次的期末考试，小美和丽丽却一起上了头版头条，原因是两姐妹的错题竟然是一模一样的，学校的制度比较严格，对抄袭事件从来都是严肃处理，所以学校请来了小美和丽丽的父母，两份试卷其实都考得很好，但是一个微小的计算，两人的错误却一模一样。叫来当事人之后，丽丽闷不作声，小美却一口认定是丽丽抄袭了她的卷子。其实明眼人都能看出来，这样一份正确率如此高的试卷只有平时成绩一直优秀的丽丽可以做到，可是丽丽在最后关头竟然说了是。

因为真相不明所以不好深究，学校让两人都回家去写检查。回家后母亲狠狠数落了小美几句，小美尖叫着说："本来就是我做的，她抄我的！你凭什么说我啊！你是谁的亲妈啊！"妈妈听罢这句话抬手打了小美一嘴巴，小美哭着猛地关上了门。爸爸叹了口气摸了摸丽丽的头，没有说话，丽丽低着脑袋不知道如何是好。因为这件事情，原本就不是很融洽的姐妹俩变得更加疏离。

这天，丽丽的日记出现在了班里的讲台上。日记翻开的一面正好是丽丽的一封告白信，大意是对班长刘易的懵懂之情。十五岁的女孩子都有自己的悸动，这本无可厚非，但是这样一本日记出现在了讲台上，就像一份青涩的暗恋曝光在白昼之上，丽丽的脸刷地就红了，原本一直挂着微笑的嘴再也扯不出笑容。

小美看到这种情况立刻酸酸地揶揄起来："哟，胡丽丽喜欢班长呀，我还以为你有多认真学习呢，原来你也有食人间烟火的一面啊，女神。"班里都因为小美的一惊一乍闹开了，当事人却愣在那里不知道如何是好，刘易本来很淡定，却因为小美的一咋呼而沉默着拉起小美就往外走。班里因为这对姐妹花和班长的事情炸开了锅，所有的眼光都盯着丽丽看，丽丽咬了咬牙拿起日记就往座位上走，看见自己被翻乱的抽屉后也没有多说。

上课铃声响起了，将丽丽从尴尬中解救出来，小美和刘易也踩着点进了教室。小美显然没有了前一阵的气焰，有点木木地走进了教室，刘易还是一脸无所谓的表情。刘易是这个学校最受欢迎的男孩，所有女生的秘密几乎都和他有关。

小美坐在丽丽旁边呆了几分钟才回过神来，看见旁边的丽丽，小美悄悄地凑在她耳边说："姐，刘易跟我表白了。对不住啊。"

丽丽明显愣住了，不知道是因为小美从来没叫过她姐还是因为暗恋的男孩跟小美告白的原因，她良久才说了句："喔。"

小美显然对这个回答很不满意，一天都没有再搭理丽丽。到了第二天，丽丽收到了刘易的情书，上面"胡丽丽"三个大字让她瞬间心动不已，但是信转头就被小美抢过去了，然后说了句谢谢。原来是给小美的情书啊，丽丽笑了笑，想着刘易跟其他男孩子一样，小美比自己漂亮，这种事怎么会轮到自己呢，该安心学习了。

小美一边看一边笑，然后对着丽丽念信里的一些内容，丽丽没有出声，但是鼻头发酸，第一个喜欢的男孩，就这么消失不见了。

小美开始跟刘易走得很近，班里的人几乎都以为他们在恋爱。小美也变得爱笑了，在刘易身边总是笑得跟花一样。丽丽还是那么淡淡的。每次小美和刘易从外面进来，刘易总会意味深长地看丽丽一眼，丽丽总会觉得那是他们对自己的怜悯。想到这里丽丽的心就一抽一抽的，不是滋味。

　　初三生活快要开始了，这天班里组织春游，小美不慎扭伤了脚，疼得直哭，班里的人都认为刘易会背起小美继续走的，但是刘易却不知道怎么的迟迟不愿意这么做。丽丽扔下自己的包让别的同学帮忙擒着，然后搭起了小美的胳膊准备背她，小美因为丽丽的举动明显愣住了，好半天都没有反应过来，刘易看到这样的情景才过来换下了丽丽，将小美背了起来，还是用那样意味深长的眼神看了丽丽一眼，那眼神里明显有着疼爱和怜惜，可丽丽还是觉得那只是对自己的怜悯。

　　春游结束后，小美对丽丽的态度明显有了很大的改变，好几次她都好像有话要说的样子，但是看见丽丽的神情后又收了回去。丽丽总是像个大姐姐一样教小美做数学题和化学方程。丽丽再值日的时候，小美总会开着车门等着她，丽丽觉得幸福，姐妹俩再也没有提刘易的事情。她们就一直这样和和睦睦的，到了中考的时候，因为丽丽的帮助，姐妹俩都考上了省重点。中考完的同学聚会上，大家提议一起去唱歌，刘易也在，他破天荒在丽丽偷偷跑出来换气的时候堵住了丽丽的去路。

　　"胡丽丽，你为什么一直拒绝我，你明明在日记里说喜欢我。"刘易的表情有点奇怪，丽丽再怎么样也想不到刘易会劈头盖脸地来了这样一句质问的话。

　　"我没有啊。"

　　"我一直都很喜欢你，那天不知道谁把你的日记放到了讲台上，我看到你日记的内容真的很高兴，看见杨小美那样说你我很不舒服，就把她拉出去警告她不能欺负你。后来我还写了一封信放在你抽屉里，那是我第一次写情书，你竟然让杨小美来拒绝我，我从来没有干过这么丢脸的事情……"

　　刘易有点微怒又有点委屈地说了这番话，开门出来的小美看见两人的架势马上变得尴尬起来，有点不知所措，低下头站了许久，终于像决定了什么一样，开了口。

　　"姐，从小你就让着我，的确，什么你都让着我，我用的都是好的，你用的都是旧的，你脸上总是带着笑，但是我却怎么都高兴不起来。爸妈都说你可爱，你的朋友比我多，甚至我喜欢的男孩都是喜欢着你，那些情书，你还没拆开看过就莫名其妙地给我，其实那些都是给你的，明明我比你漂亮，但是他们就是喜欢你不喜欢我，你抢了我所有的风头……"小美说话时有点激动和语无伦次，"但是姐，你明明知道是我抄的你的试卷，你却不说，我拿你的日记到讲台上你也没怪我。那次我扭伤脚，你这么瘦小的身板竟然来背我，我突然发现我从前都在做什么混账事啊，我竟然这样去对一个爱我的人。"

　　小美哭了，丽丽有点不知所措，她手忙脚乱地拉起小美，小美抽抽搭搭地靠在丽丽身上。一边的刘易心疼地摸了摸丽丽的头："你在我心里就是最美的，爱笑的女孩才最美，心里明亮坚强而又乐观的女孩子永远都是最美的。女孩不是可爱才微笑，而是因为微笑才可爱。再漂亮的冰美人也没有人会喜欢的，因为心美的女孩子才最让人疼爱。"

丽丽脸上泛起了红晕，而小美则羞愧地低下了头。

善于倾听，懂得释放

你有没有发现，当一个人会在对话的末尾加上一句"嗯嗯"，或者会把晚安说很多遍的人，都是因为希望把话题突然中断的失落感揽到自己身上，这样的人一般都很温暖且善良。遇到这样的人，要珍惜。

——苏瑾年

林冉遇见苏瑾年的时候她正在喋喋不休地讲电话，所以并没有看见迎面走来的林冉，两人撞个正着，都狼狈地跌坐在地上。那天林冉穿了一件新的衬衫，正好摔在昨晚下雨的路面上，蹭了一身的泥。苏瑾年倒是完全不介意，迅速坐起来后就继续对着电话喋喋不休。林冉有些恼火，没想到苏瑾年却捂住电话对林冉说："你等等，我一姐们失恋了，我讲完电话再跟你扯。"

　　林冉有点想笑，扯什么？搞得像是我的错一样，于是便起身拍了拍身上的水，看着脏兮兮的衬衫皱了皱眉头，双手环抱等着苏瑾年打完电话。没想到苏瑾年这电话一打就是二十多分钟，林冉在这二十多分钟里，看见这个女人在安慰一个失恋的人时笑得极为欢乐，几乎有些上气不接下气了，从昨天哪个明星的八卦聊到小区哪个人昨天闹着要跳楼，再到隔壁的猫生了几个崽崽之类的鸡毛蒜皮的小事。林冉从愤怒到目瞪口呆再到彻底无奈，在这二十多分钟里情绪产生了跳跃式的变化。

　　最后的结局是兴奋万分的苏瑾年突然就萎靡了，然后盯着自己自动关机的手机冲林冉说了一句让他哭笑不得的话："哥们，你手机借我一下呗，我手机没电了。"

　　林冉还是异常绅士风度地将自己的手机借给她，然而苏瑾年在拨错四个电话之后却挠了挠头，把手机还给了林冉："不好意思啊！兄弟，号码不记得了。"

　　林冉有些无语，身上的水都被太阳蒸发得差不多了，留下了大大小小的污痕，他指指自己的衣服，然后问瑾年是不是可以考虑解决一下她刚刚横冲直撞直接把他撞飞的事情了。苏瑾年本来是蹲在地上的，听了这话哗地就站了起来，冲着林冉就嚷嚷开了："喂！喂！大哥你看清楚好吗，你这么人高马大的，我只是个弱女子好吗，我打电话呢，没看见你不是可以理解吗，你一个大老爷们走路不看路，你还好意思怪我？我这衣服谁赔啊？脑子是不是有病啊。"

    这番话说得林冉有点瞠目结舌，苏瑾年的大嗓门已经惹得路人纷纷侧目了，为了不被推上风口浪尖，林冉准备不再理会这个泼妇直接掉头就走，却被苏瑾年拦住了。这时的苏瑾年迅速看了一眼手表然后拉住林冉说："同学，刚刚都是个误会，这样吧！你看这一闹时间都过得差不多了，反正咱们顺路就一起拼个的士到学校去吧。"

    林冉被这个变脸比翻书还快的女孩子彻底弄无语了，还没等他开口一辆呼啸而来的的士便停在了两人面前，苏瑾年不由分说就把林冉推上了车，然后直接报了学校的名字，林冉有点纳闷，问苏瑾年："你怎么知道我跟你一个学校的啊，你这女人是不是有病啊。"苏瑾年对着林冉吐了吐舌头，指了指林冉白衬衫前挂着的校牌。林冉低头看了看校牌，再看见自己白衬衫上的污点后顿时就火气冲天，吼道："你是不是个女人啊，你让我怎么去学校啊，你命好摔的地方全是干的，我这一摔却弄得一身的水。你自己看着办吧，要不然我就让这的士转头去我家，你也别想按时到校。"

    苏瑾年立刻做出一脸无辜状，揉了揉自己摔破的膝盖。林冉这才看见苏瑾年的膝盖上有着一道血红的伤疤，血液已经凝固了，脏兮兮的。林冉有点不忍心，一路上也就没再为难苏瑾年。到校时间正好是下午一点五十，两人在车里僵了一下，林冉实在受不了付了车费。苏瑾年马上展开笑脸说："你请客啊，这怎么好意思啊。"林冉刚准备反驳却被苏瑾年一跛一拐的膝盖噎了回去，不自觉地扶住了苏瑾年的手臂，连拖带拽地拉着她进了校卫生所。

卫生所里传出了苏瑾年异常惨烈的哀嚎，从清理伤口加上消毒上药，到最后的包扎，苏瑾年都没有放开抓着林冉的手。指甲掐得林冉皮肤都快破了，他一直在想自己今天是不是得罪了各路神仙啊，可不可以放小弟一马。

最后结局是，两人从校医那里出来后还是理所当然地迟到了，苏瑾年一跛一拐地拖着林冉走，林冉有点受不了，但是看见苏瑾年一跛一拐的又狠不下心。苏瑾年的教室在二楼，下午第一节课班上有点昏昏欲睡，正好这节课是李老师的化学课，李老师是一位更年期综合症的典型患者，对于迟到这件事情少则发作半节课多则一千字检讨。苏瑾年在门口怯生生地喊了一声报告，林冉看见苏瑾年那个表情有点想笑，这跟刚刚耀武扬威的女孩子是一个人吗？林黛玉附体了吗？老师转过身，火一样的目光看着苏瑾年，烧得林冉都一身冷汗。老师刚准备骂人，苏瑾年迅速指了指自己的膝盖并作出一脸的痛苦状。这时班里昏昏欲睡的同学全都惊醒了，看着一脸惨兮兮的苏瑾年和被她拖拽着的林冉，李老师破天荒地对着一向让人头疼的苏瑾年说："怎么摔得这么惨，小心点，受伤了就回座位休息吧。"班里同学无不惊讶，苏瑾年忙松开抓着林冉的手臂一跛一拐地坐上了自己的座位。

林冉的教室在三楼，这次就刚好反过来了，二楼的苏瑾年几乎每天下午的第一节课都会在门口罚站，而今天罚站的换成了三楼科科全优的林冉。

下课后苏瑾年的课桌几乎要被挤爆了，所有的女孩子都在问林冉和她的关系。苏瑾年有点头疼，于是瞎编了一句："嗯，他是我表哥。"这消息在二楼的初二年级里不胫而走，苏瑾年也彻底变成了红人，抽屉里每天都是满满的情书，都是青葱年华里清一色的青涩娃娃体——林冉收。

苏瑾年一直想去找林冉，想把这一箱子情书给他。这个大箱子是苏瑾年特意买来的，好装这些散落在她抽屉里的青春心事。她有点恼火，觉得这是大伙给她的任务，但是她却不知道怎么完成，她连林冉在哪个教室都不知道，又不能一间一间找，这个学校说大不大说小不小，但是没有缘分的人真的很难再碰巧遇到。

苏瑾年都有点不记得林冉的样子了，她每天都会被人追问林冉的情况，所以不得不想办法编造一个林冉，他早餐吃的什么啊，中午吃了什么啊，晚上吃了什么啊，什么时候有球赛啊，考试又考了多少分啊。这些鸡毛蒜皮的小事，苏瑾年每天都凭第一直觉回答，要么就是满嘴的不知道。因为林冉，苏瑾年不得不去操场看她从来都不看的篮球赛，她希望看到林冉，然后把那些有点沉甸甸的信件给他，但是她确实有点忘记林冉的样子了，有好多次她故意从那个她认为很面熟的面孔前走过，但她总是会被视作空气。说实话，如果不是女同学们在她耳边叽叽喳喳，她甚至不知道那天的那个男孩子就是林冉。

　　这天苏瑾年刚刚到班上，就发现那个熟悉的但是叫不出来名字的面孔在班门口前等她。她有点尴尬，然后小声地问了句："唉，那个，同学我们认识吗？"林冉再也憋不住笑出声来，"我说苏小姐，你怎么这么健忘啊，你毁了我一件新的白衬衫，然后我莫名其妙多了个天天迟到的笨蛋妹妹，你觉得我是谁啊？"

　　苏瑾年迅速反应过来，在众多女孩子的围观下眉开眼笑地拉着林冉说："哥啊，我开玩笑呢，你找妹妹啥事啊，走，我们去食堂吃个早饭。"

　　林冉任由苏瑾年拉着，到了楼下苏瑾年才放开林冉说："喂！大哥，你是有毛病啊。你既然认识，那我每天在你身边穿来穿去的你也不跟我打个招呼，你晓得我找你找得好苦的呀。"

　　林冉有点想笑，他是听到越来越多的朋友说自己怎么有个妹妹一直不跟我们说之类的话，才决定找到苏瑾年问问情况的，却又反过来被她倒打一耙，这些日子，每次看见苏瑾年她都是在打电话，要不就是身边一群女孩子对着她叽叽喳喳地吐口水，他怕她尴尬才决定在门口等她的。

　　苏瑾年拿出那一盒子信递给林冉，林冉看着盒子里五颜六色的信件，开着玩笑说苏小姐都变成邮递员了，看都没看就直接把信随手甩进了垃圾箱里，很多路过的女孩子看到这一幕马上就跑开了。苏瑾年见此就有点生气，准备去捡回来的时候却被林冉抓住了。

　　"丫头，你就像一个垃圾桶，别人所有的情绪和不快乐都传染给你，你表面那么阳光那么坚强，其实你并不快乐，只是不说而已。你每天都在不停地打电话，每一次的电话里都是你在不断地安慰别人并给人家讲笑话，你身边的人甚至连父母昨天的说教都要在你那里发泄一番，我已经观察你很久了，开始的时候确实只是想问你说是我妹妹是什么情况，但是慢慢对你了解了我才知道你一直都扮演着这样的角色。我一直想不通你为什么总是在打电话，原来所有人都认为你有带来快乐的能量，可是你过得并不好，你以为我不知道吗？"

　　林冉缓了口气，继续说道："那天我看见你蹲在你们家门口哭了，我要到了你的手机号码给你打电话，我听见你迅速擦干眼泪马上就换了表情接听了。我突然觉得很心疼，那天我还看见你母亲了，她头上戴着帽子胳膊上有针管，虽然伪装得很好，但我知道那是化疗才用的针头，我在我母亲的医院里看到过那样的病人。我知道你为什么每天都迟到，是因为你必须要回家做饭，我找朋友黑过你的新浪日记，我不是想看你的秘密，我是想知道你到底有多少的苦。我知道了你父亲当年的背叛和你现在的疲惫，但是让我最心疼的是你从来都只会倾听而不懂得自己释放。"

　　苏瑾年低着头看着脚尖，无言以对，林冉指了指躺在垃圾堆里的信件，说："冒充什么使者啊！苏小姐，你日记里的林先生是指的我吧，你故意在我身边晃来晃去装作不认识我吧。你每天记录的我吃什么、干什么、打球的时间难道就是为了尽职尽责地跟她们汇报情况吗？你在心里骗自己不愿意把这盒信给我吧。傻丫头，善于倾听，但是要懂得释放，爱别人的同时，要学会爱自己。"

学会赞美

　　儿时的我们是纯粹的、简单的。快乐很简单，难过很简单，赞美也很简单。而我们慢慢地长大，岁月的长河洗刷过我们的身体、心灵和一切，也洗刷了我们赞美他人的心，我们越来越虚荣也越来越势利，我们说一句赞美的话就跟歌颂上帝一样，人生最可怕的事情就是变得越来越不像自己了，而且已经不像到连自己都觉得陌生的地步了。

　　人越来越大，心就越来越大了，要得多了，自然就显得空了。一间一室一厅的房间，两个人相依为命，简单家具小小装修就能其乐融融温暖惬意，而一间豪华的大别墅装潢浮夸设施齐全，却还是显得冰冷而薄凉，人的心也是一样，我们长大，心脏也长大，我们想要的不再是一根棒棒糖或一包薯片，我们想要万众瞩目，想要众星捧月。谁都认为自己是众望所归的那一个，所以慢慢地我们再难开口去赞美一个人，再难由衷地说一句仅仅只是羡慕的话，再难做那些从前轻而易举的事情。

小的时候我们会说自己的母亲漂亮，会说自己的父亲英俊，会由衷地说自己的朋友善良可爱，会赞美隔壁的阿姨婀娜多姿。那时候的我们是纯粹的，可以真诚地赞美一些我们在乎的人，也乐于享受生活在被人宠爱的环境里，如果时光能够停下，我一定会告诉自己不要长大。

森森从小学习钢琴，十岁的时候拿到了国际钢琴大赛的银奖，但是回家后被母亲狠狠数落了一顿，母亲告诉森森，说她输给了一个八岁的男孩，那男孩跟她一样大的时候才学习钢琴，但是却少学了两年。森森的笑容就僵硬在母亲冷漠的眉眼里，印象里的母亲永远都温暖地笑着鼓舞自己。小时候，森森在本市的钢琴比赛中只拿到了幼龄组的安慰奖，但母亲依然会微笑着带森森去吃大餐，然后告诉森森说她是最棒的。可是如今的母亲却冷冰冰地告诉她，她其实并不优秀。

母亲的改变来源于父亲突然的夜不归宿，森森的父母曾经是模范夫妻，拥有共同的音乐教室。后来，父亲出任了本市某高校的音乐教授，为了全心全意陪伴森森，母亲成了尽责的全职太太，与外界的接触只能通过报纸、网络和邮件，而父母的矛盾也渐渐露出了头角。儿时的森森会在父母开的音乐教室里和父母一起练习钢琴，偶尔会憋足劲吹吹萨克斯和长笛，母亲总会亲昵地告诉森森用力不当会胀大腮帮子喔。那时候一家三口其乐融融、幸福美满，森森总能看见父母在琴房里四手联弹，父亲会将一捋母亲耳鬓的头发然后说艳琴你真美，森森每次都会扑哧一笑羞红了脸。而这些美好的画面，全都葬送在母亲因长年累月操劳家务而不再光滑柔嫩的双手里，森森已经很久没有看见父母四指联弹了，墙角的萨克斯风和古筝已经落满了灰尘，森森每天看见母亲日渐发白的鬓角，就会想起自己幼年时那些美好的日子。

父母的第一次争吵源于父亲在桌上滔滔不绝地讲述今天学生弹错的音符，母亲却一直在盘算今天去超市花费的钱。父亲已经成为了那所音乐学院的院长，父亲的单位只属于中专的形式，而不是正式的本科大学，这样的收入其实是及不上那些年父母在外自行办音乐教室的收入的，但是母亲从来没有抱怨。只是这天晚饭的时候，父亲突然提出想自己掏钱为学校换一批乐器，母亲按捺不住说出了家中的困难。在森森的印象里，那是父母的第一次争吵，父亲恶狠狠地说母亲变成了一个无知的妇人，而母亲却流着泪说自己付出了多年的青春。

森森那天晚上练琴的时候弹奏的曲子格外悲伤，配合着母亲的眼泪有一种同病相怜的感觉。而后，父亲便开始夜不归宿，有时干脆和学校的老师喝得烂醉，回家倒头就睡，再也不会陪着森森练琴，再也不会给母亲梳头，再也不会夸奖淼淼有进步，再也不会亲昵地在母亲的耳畔说你真美了。

淼淼上课的时候总是悲伤地想究竟是什么变了，母亲依旧美丽大方，整个小区都没有看见过比母亲还要有味道的女人。父亲也依旧才华横溢，这两个看起来永远都不会争吵的人却再也没有了当初的亲密。

淼淼拿着获得的银奖回到了自己的房间，看着陪伴了自己无数个日夜的钢琴觉得分外孤独。

我们其实从出生后开始说话时起就会赞美，可是这种美好的品质却随着时光的流逝而变得那么的艰难与虚伪。

赞美需要理解和真诚，如果父亲可以理解母亲为家庭付出的青春和事业，如果他还能够看得见母亲的美好和温和，如果他还记得那个初夏的瞬间，他就不会苛责岁月的无情。母亲如果能够坚持自己的事业，能够坚持当初的梦想，能够体量父亲的心情，那么母亲也能够继续温柔。如果他们能够看到自己优秀的女儿，看到淼淼的进步，那么家庭不会在最后走向破碎。

赞美是我们与人交流并促进感情的途径，交朋友没有捷径，真诚才是唯一的原则。赞美只是一件简单的小事，只要我们能够一直平和并拥有一双发现美的眼睛，让赞美变成一种理所当然，在互相真诚称赞的环境里，这就能变成一种最平常的事情。

有句话是说女孩子的，胖是丰满，瘦是苗条，矮是可爱，高是女神。这句话看起来调侃，却说明了这世界的美好，赞美本身就是一件美好的事情。初中时，我的脸完全没有长开，那时候特别喜欢吃零食喝可乐，体重一度到了一百四五十斤，所有的同学都叫我胖子和杨贵妃，我在同学的冷眼和鄙视下惶惶度日，直到我最好的朋友小妖的出现。小妖也不算漂亮，但是很有气质，小小年纪就很有气场，在她的保护下我觉得自己很安全，我们变成了很好的朋友。有一天小妖突然跟我说，小艾你知道吗，你的背影很美。我那个时候真的惊呆了，已经很久没有人赞美过我了。看着小妖真诚的表情，我知道她不是骗我的。在此之前，我都已经破罐子破摔了，每天都会吃很多的零食，体重一直呈狂飙的趋势。母亲说我不能再胖了，再胖就不知道该怎么办了，而我只是觉得自己已经很胖了，再胖点也无所谓。小妖的这句话无疑给心灰意冷的我注入了一针强效剂，我开始克制自己的饮食与行为，坚持与小妖一起锻炼。每当我快要放弃的时候，小妖就会说小艾你瘦了呢，眼睛也大了之类的话鼓励我。我看过自己的照片，看起来真的长得很难看，但是小妖这样的一句话，让我好像看见了希望一样。后来我终于减肥成功了，慢慢地变得很好看，而不论之后有多少人说我现在很漂亮，我都觉得小妖跟我说那句话的时候是我一生中最温暖的时刻。

　　赞美一个人也许只需要一句话，但是被赞美的那个人却会永远都记得，赞美应该是与生俱来的一种本能，但是随着时间的推移，我们似乎忘记并且排斥这种本能。让我们找回自己美好的品质，需要做到以下几点。

第一，尽量让自己真诚而简单起来，生活就是简简单单的，开心就笑，不开心就过一会儿再笑，这世界上很多的事情并没有我们想的那么复杂，快乐就是一种感觉、一种天分。每个人都能快乐，只是每个人都不容易满足。不是每一句赞美都别有企图，如果自己能够保持一颗单纯简单的心，那么这个世界还是跟我们刚刚睁开眼睛时那样美好。

第二，学会观察身边的小事，注意每一个变化的瞬间。变化本身就是一件值得赞美的事情，有很多人说每天的生活都是一样的，没什么特别之处，根本找不出赞美的地方和方法，这就需要我们拥有一双感受美的眼睛。每一朵玫瑰的绽放，每一个生命的降临都值得我们去赞美，去拥抱，如果我们能够拥有体会每一次花开的心情，那么就会发现这个世界别有一番韵味。

第三，怀抱真诚的心。这个世界有一种平衡的原理，每个人都走在支点的两端。你走得近对面的那头自然要走得近，这样才能够达到交际的平衡，如果想要一直在一个跷跷板上，就要维持这种平衡。有的人从隔得很远开始，慢慢靠拢，最后在支点相逢，那一瞬间他们的关系就被定义为一种永恒，再也不用考虑任何外界因素来破坏和拆散。有的关系本身就靠近支点，但是却越来越远，最后只能在摇摇摇欲坠时选择终止游戏。要相信，我们怎么去爱一个人就会怎样被爱，我们真心实意地去赞美一个人就能够得到尊重和感激。

生命就是和很多很多的人从相识到永恒，这个世界对每个人都公平。从出生到死亡，每个人都被赋予了同样的时间和同样的交往人群，有的人有一帮朋友却在困难的时候觉得孤独，有的人只有那么两三个联系的对象但是却永远都有依靠。只有学会赞美，学会真诚，我们的每次相遇，才会变成永恒。

发展自己的兴趣爱好

　　小的时候我们总是有很多的兴趣爱好，比如喜欢收集芭比娃娃或者变形金刚，喜欢画童话中的美人鱼和白雪公主，喜欢唱歌或者跳舞，我们总是想要尝试很多新奇的事物。隔壁的小明买了一支长笛，我们会很羡慕，自己也很想要，这就是我们幼年时期的兴趣爱好。年幼的时候，我们对所有的新鲜事都有着一股钻研的劲儿，往往喜欢就会去做，而这就是一个发展兴趣爱好的过程。但是，如果这种喜好不能长期坚持下去，就不能算作是兴趣爱好，而是一时兴起。父母为我们买了一架钢琴，开始的时候，我们很喜欢，每天都很认真地练习，可是过了一段时间后，就发现自己并不是真的喜欢，仅仅是感到新鲜而已，这就不算是兴趣爱好。我们从小就有在墙上、本子上、黑板上乱涂乱画的"坏毛病"，可随着我们逐渐长大，我们开始能够勾勒出动人的线条和美好的风景，而我们也十分享受这个过程，那么这也是我们兴趣爱好的养成过程。

表妹最近到小张家玩，小张的父母很亲切地问其学习和生活的情况，她抱怨地说初二的学习任务挺重的。小张就有一搭没一搭地跟她聊天，表妹从小喜欢画画和电子琴，10岁生日那天小张的父母送给她一架电子琴，她一连好几天都特别开心。某次小张去她家玩的时候，却发现那架电子琴上落满了灰尘，问其缘由，表妹抱怨学业太忙，没时间练琴。

吃饭的时候小张又问起了电子琴的事，表妹耷拉着脑袋跟小张说："姐，电子琴我都几年没碰了，音都不会调了还弹呢，现在学习这么忙，算了吧。"

小张又问她除了上课学习有没有别的业余活动，她说就是吃饭睡觉。听了表妹的话，小张突然觉得有点伤感。

为了学习放弃兴趣爱好似乎已成为我们成长的一个弊端，小学时的各种兴趣爱好，在中学阶段往往很难坚持下去。

当我们还在上小学时，我们会有各种各样的兴趣爱好，如画画、唱歌、弹琴、跑步，等等，可能还会有像喜欢早上三点钟起床去看环卫工人扫地这样的爱好。这些丰富多彩的兴趣爱好，反映出我们生活和学习的充实和多样，用现在的话说，就是生活中充满了正能量。

但是一旦我们上了中学，一切兴趣爱好都要给学习让路。学习成了我们生活中最重要的事，一切其他爱好都显得奢侈。甚至很多高中的学生在被问起有哪些兴趣时，回答竟是睡觉。确实对于高中生而言，睡觉睡到自然醒是上天最大的恩赐！

小张的表妹学习属于中等，虽然不能考上省重点高中，但是考市重点高中还是没有问题的。没想到，在中考时却发挥失常，成绩离市重点高中的录取分数差了不是一点半点，最后只能服从调配。而小张表妹的一个同学，从小就喜欢古筝，文文静静、秀秀气气的，她的家人每个月都带她去看音乐剧，古筝的小型演出一场都不放过。就这样玩着竟然考上了省重点。

可见，兴趣爱好的调剂是我们忙碌生活最好的良药，当我们头晕眼花萎靡不振时，画一张远处的风景，听一首我们最喜欢的歌，看一部最新的小说，都是我们忙碌生活里最好的调剂师。只有有张有弛，我们才能更好地学习和生活。

还有一种情况是，虽然在中学仍然坚持弹琴或者画画等兴趣爱好，但却是被父母逼的，学生自己完全谈不上喜欢还是不喜欢。事实上，这样也不能算是兴趣爱好，因为这种坚持不是主动的，而是被动的。

无论是学业、事业、感情，都离不开生活。如果生活中一片灰色，没有其他色彩和阳光，没有兴趣爱好，每天机械地重复着相同的事情，那么我们将永远得不到一个好的学习状态，也处理不好生活中的事情。很多人认为只要努力就能够得到想要的，但是在注重学业的同时，我们更应该兼顾好自己的业余生活，唱唱歌，看看书，生活有紧张，有放松，只要爱好不变成嗜好，那么爱好就能给我们的生活带来积极的影响。

很多人会抱怨，生活、学习越来越忙碌，哪里还有多余的时间和精力去培养和发展自己的兴趣爱好。事实上，培养一个良好的兴趣和爱好并不需要花费太多的精力和时间，每天只要抽出些许的时间就可以了。兴趣爱好是我们生活中一道绚烂的彩虹，使我们的生活五彩斑斓，衷心希望大家能够培养出和发展好自己的兴趣爱好，努力学习，同时好好生活。

寻找自己的潜能

朱婷婷从来都不参加学校里的活动，一年四季都是黑色的长袖衬衫，没有朋友，谁都不愿意靠近这个连艳阳高照都着一身长袖长裤的奇怪女孩。

这个年纪的孩子个头长得都特别快，一个学期下来班里便参差不齐的一大片，所以班主任在每年开学的时候都会进行座位大调换，今年换到朱婷婷身边的是班里最好看的男孩子刘俊。

所有人都在背后冷嘲热讽朱婷婷，说最丑的女孩子和最好看的男孩子坐在一起了，这下有得看了。有的女生甚至当着朱婷婷的面不指名道姓地说："哟，你看，这不是我们班的"班花"朱婷婷吗，跟班草坐在一起了。"

面对这些冷嘲热讽，朱婷婷每次都是一脸的平静，如果实在觉得烦就干脆直接走出教室无视她们。相较而言，朱婷婷要比同龄的女孩子成熟得多，对于同学的嘲讽，她从来都不会多说一句话，也不会介意，总是云淡风轻的表情。这让那些议论她的人更加肆无忌惮。

其实朱婷婷长得并不难看，只是她常年不与人交流，而且无论多热都是穿着长袖长裤，拒人于千里之外，所以才会惹来那么多的流言，加上一副过时的金丝边眼镜，使她少了一分女孩子的可爱和活泼，多了一分成熟与老气。

刘俊和朱婷婷同桌的第一天一句话都没有说，他从来没像别人那样说过朱婷婷。他是学校的公众人物，家世也好，每天都有专车接送；成绩也好，不但文化课成绩好，体育成绩也很棒。青葱岁月里王子一样的人物总是会惹来无数的目光，可灰姑娘只有一个，谁都希望水晶鞋能穿在自己的脚上。

和刘俊同桌的第一天朱婷婷也有点不自在。她个子比较高，一直都坐在教室后面的角落里，哪知道刘俊今年的个子突飞猛进，一下子就跟班上那群发育不良的男生拉开了档次，所以就跟朱婷婷安排在一起。平常大家看都不会看朱婷婷一眼，连发她的作业本都是异常嫌弃地扔在讲台上。可跟刘俊成为同桌后却吸引了成片的目光，羡慕的、嫉妒的、厌恶的，全部对着朱婷婷扫射，无声的枪林弹雨下朱婷婷再强大的心脏也开始觉得别扭不自在起来。

不自在的不只朱婷婷一个，她身边的刘俊也浑身不对劲，他习惯了在欣赏和羡慕的目光下带着光环生活。可这个女孩子就像一个长霉的蘑菇，将他都染成一片灰暗。于是他终于忍不住开口跟朱婷婷说了一句话："同学，跟你同桌算我倒霉。"

听到刘俊说这句话婷婷的身子颤抖了一下，可她没反驳也没出声，只是低着头没再看刘俊一眼。

这天朱婷婷回到家狠狠地哭了一场，她正值懵懂的青春年华，被暗恋许久的男孩子说这样的话是不能接受的。她的确不在乎别人的目光，因为那都不是她在乎的人。而朱婷婷是喜欢刘俊的，班主任念刘俊和朱婷婷名字的时候她默默兴奋了好久，一天的课都没怎么听进去，那是他们名字最接近的时候。平时她和刘俊坐对角线，是班上隔得最远的两个人，连学号都是最远的，刘俊是一号，她是四十九号。可当她真正坐到刘俊身边的时候，才发现原来最远的距离才是最安全的。

但朱婷婷毕竟是朱婷婷，她依旧默不作声，一副云淡风轻的模样。她的座位渐渐变得抢手起来，课间时只要她起身出去，马上就有人坐到她的座位上，直到上课铃声响起才恋恋不舍地离去。她放在桌上的课本总是会被混乱争抢的人群挤到地上，她每天都要捡掉在地上的课本和笔。

某天，朱婷婷习惯性地在上课铃声响起后收拾一片狼藉的座位。刘俊有点不好意思伸手帮朱婷婷。朱婷婷不小心磕到了刘俊的下巴，两人都狼狈地轻哼了一声。朱婷婷的脸唰地红了，然后轻轻说了句谢谢。这天朱婷婷又没听进去课，她突然觉得就算自己真是一朵蘑菇，现在也开花了。

朱婷婷所在的班级有午睡的习惯。这天朱婷婷睡午觉的时候眼镜掉在了地上，被班上一个很刻薄的女孩子故意踩碎了。刘俊刚刚睁开眼就看见了这一幕，立马就站起来吼了一声，结果将全班人都惊醒了。

朱婷婷也被惊醒了，揉揉眼睛就在桌子上开始摸眼镜，找了半天也没找着，再看看身边的女孩子和女孩脚下的眼镜残骸一下子就明白了。她有点愣住了，刘俊倒是先开了腔："喂，你把人家眼镜踩了不该说点什么吗？"

女孩明显没想到刘俊会为朱婷婷出头，有点回不过神来，好半天才低着头委屈地说了句："又不是故意的。"

刘俊的火气上来了，直接站起来说："你今天一定要跟朱婷婷道歉，是不是故意的你自己心里有数，还要我点破吗？"

全班同学都愣住了，没有人想到刘俊会为了朱婷婷发脾气，一时间竟没有一个人说话。那个刻薄的女孩意识到自己的被动，顿时没有了脾气，眼泪在眼眶里打转，默默地说了句"不好意思"，然后跑了出去。

全班的目光都集中在了朱婷婷的身上，这时朱婷婷也有些不知所措。午睡的时候朱婷婷一向把头发披散下来，以便遮挡中午的阳光，此时她没戴眼镜的脸完全暴露在外，所有人都有点不认识她了。这时正值初秋，婷婷身上的黑色衬衫和长裤显得一点都不突兀，同学们这才发现原来朱婷婷长得这么好看，这么动人。

刘俊也有点看呆了。朱婷婷绑过皮筋的头发散开有点乱糟糟的，没戴眼镜框露出挺拔的鼻子，刚刚睡醒略带蒙眬的眼睛，秀气的一字眉，这些和原来金属眼镜、常年马尾、没有刘海的朱婷婷大相径庭。

场景定格，朱婷婷在大家的注视下脸色潮红，像极了初开的牡丹。

这次的眼镜事件让朱婷婷和刘俊的关系渲染上了一层暧昧的色彩，刘俊在事发的下午问朱婷婷眼镜的度数，朱婷婷说："左眼350，右眼375，怎么了？"

刘俊支支吾吾地说："没事，怕你下午没眼镜看不见，笔记我先借给你抄。"

朱婷婷抄着刘俊的笔记满心都是甜蜜，她突然觉得刘俊的字迹是那么好看。她想偷偷看看刘俊的侧脸，却发现刘俊也正看着她，两个人马上就缩回了目光。朱婷婷有点不自在，发现自己的头发还没扎，赶忙拿起皮筋准备绑头发，这时候却听到刘俊说："不要扎了，就这样还能看，扎头发多丑。"

朱婷婷脸又红了。

第二天朱婷婷也没有扎头发去学校，班上人的目光开始变得和善和亲切。刘俊拿了一副最新款的眼镜给她，还给了她一副隐形眼镜。朱婷婷有点不好意思说不用了，刘俊红着脸说："叫你拿着你就拿着，怎么话这么多，女人真麻烦。"

朱婷婷的好运似乎到来了，这天班主任叫她去舞蹈室代一下芭蕾舞的课。所有人都不知道朱婷婷竟会跳芭蕾舞，都围在舞蹈教室旁边看。朱婷婷有些不情愿但还是跳了一支舞。没有人看过穿黑衬衣跳芭蕾舞的女孩子，这场景就像黑天鹅飞舞般的美丽。

跳完舞后，之前踩碎朱婷婷眼镜的女孩突然走了进来，满眼媚笑地走近朱婷婷，猛地拉起婷婷右胳膊的袖子，顿时周围响起一片唏嘘声。原来朱婷婷右边的胳膊上爬满了蚯蚓一样弯弯曲曲的疤痕，她每天穿长袖衣服就是想遮住这些难看的疤痕。

"朱婷婷，你以为你伪装得很好吗？你爸那天找班主任说的话我都听见了，说你有一年被开水烫了右半边身体，差点死了。后来虽然救活了，但你的整个右臂和右腿都有难看的疤痕，一辈子都消不掉。你从小就学习芭蕾，你爸那天还拿着你的奖杯。有什么了不起的，就你烫成这样，一辈子都跳不了芭蕾了。你每天穿着个长裤长袖，就以为没人知道了？你一辈子都被人嫌弃，丑女人……"

"张婧，没想到你长了一张漂亮的脸，心却是这么恶毒，丑女人应该是你吧。"刘俊走进来冷冷地说道。边说边拿外套裹住了朱婷婷单薄的身子，朱婷婷没有哭，仍然一副云淡风轻的神情。她甚至不觉得难过，只是觉得这个世界本来就很讽刺。她永远都记得那年半边身子被滚开的水烫到时的痛彻心扉，从那以后，她的衣柜里再也没有了鲜艳的衣服，鞋柜里再也没有了芭蕾舞鞋。

这时，刘俊突然伸出了双手，做了一个邀请的动作："这位女士，可以跟我跳一支舞吗？"

没等朱婷婷回过神来，刘俊已经伸出双手，拉住了朱婷婷，整间教室没有一个人出声。没有音乐，这是一场无声的舞蹈，朱婷婷不知道原来刘俊也会芭蕾舞，而且还跳得这么好。她终于在一曲完毕习惯性躬身谢幕的时候泪如雨下，全场掌声雷动。

而那位叫张婧的女孩子羞愧地低下了头。

半年以后的毕业仪式上，朱婷婷和刘俊做最后的压轴演出。朱婷婷穿着紧身的芭蕾舞裙，整个右半边身体上爬满了弯弯曲曲的小蛇，她有点怯场，但在刘俊的带领下圆满地完成了舞蹈。她身上的伤口就像是一道道光芒夺目的焰火，给了人不一样的感受。刘俊在舞罢后在朱婷婷耳边说："不要害怕，你是最有潜力的，不要因为外界的纷扰阻止了一颗跳动的心灵。我的公主，我已经填报了和你一样的志愿。"

经常 "照照镜子"

　　小红是班花，长得甜美可爱，可她娇纵成性，言语刻薄。

　　小明是班长，成绩优异，可他看不起人，总是冷漠。

　　小花是校长的女儿，老师格外照顾，备受宠爱，可她成绩不好，学习不努力。

　　小志是环卫工人的儿子，成绩也好，待人友善，可他自怨自艾，有些自卑。

　　小明总是喜欢说小花是靠家里的关系才能进火箭班，成绩那么差。

　　小花总是说小红喜欢装可爱，长得也就那样，没有别人说的那么好看。

　　小红总是说小志成绩好又怎么样，有一次他在路上连自己的亲爸都不认，六亲不认就算再努力也是只白眼狼。

　　小志总是说小明就是个班长，总拿自己的头衔来压同学，以后肯定会贪污腐败。

　　我们总是会无限地放大别人的缺点，觉得自己是最好的那一个。事实上，我们每个人都有着自己的黑暗面，在看见别人黑暗面的同时，更要记得自己也常常走在黑暗里。所以我们要随身装备一面"镜子"，时常照照自己的缺点，照照我们的黑暗面，然后让阳光照进来。

　　方磊是个不折不扣的"女汉子"，利落的短发，小小的个子，加上大T恤衫，一副假小子的模样。她从来都不照镜子，早上起床脸都不好好洗洗直接就能出门，所以大家都叫她磊子哥。男孩子的名字加上男孩子的打扮，很多不认识她的人都会很讶异为什么她会进女厕所。

　　这天方磊过生日，几个好姐妹搭着伙送了她一套紧身的连衣裙，一个长款大卷的假发，威胁她如果生日那天不穿，朋友就没得做。方磊戴着假头发穿着这件公主式的紧身蕾丝连衣裙异常别扭地去了学校，她一路上都在与回家躲一天的念头做斗争，最终磨磨蹭蹭地迟到了。不迟到可能还不会引起这么大的轰动，一迟到全校基本上都知道这个学校有名的假小子突然转性了。因为学校管理迟到的同学十分严格，迟到必须在大会做检查。方磊就在生日这天，戴着假发，穿着连衣裙，在学校的大课间做了一份深刻的检查。全校人都不知道这是谁，都在猜想这是不是哪里转学过来不懂校规的美女，连老师都没有看出来。这时方磊已经把检讨书念到了最后的"检讨人——方磊"。

所有人在惊呆3秒钟之后爆发了强烈的嘘声，大家都在怀疑方磊是不是有个妹妹，这妹妹顶替她来上学，这妹妹倾国倾城甜美可人，跟方磊完全是天上地下之分。这时方磊气急败坏地摘下了假发挠挠头，主席台下又爆发出一片嘘声。

这场风波在那群损友的轮番道歉下终于告一段落。

有一天，小雪突然在一伙人疯疯闹闹的时候提起了这件事。

"磊哥，我说你那天穿连衣裙长头发的样子真挺好看的。"

方磊本来满眼笑容的脸蛋顿时就结了冰："小雪，你再说那天的事小心我揍你。"

"真的啊，你从来都不照镜子，也不跟我们说说你的心事，我们也是好意想让你知道你也是可以做一个活泼可爱的小女生的。不要把自己总当成个男孩子，你问小艾她们，你穿裙子的时候真的很漂亮啊。"

"你够了啊，我不喜欢穿裙子，也最讨厌人家议论我了，你真的很烦。"方磊站起来没有感情地说完这段话转身回了教室，留下了一群错愕的姑娘。

方磊这一天都没怎么说话，放学也没跟伙伴们一起走，而是自己背着书包骑车回了家。回家后，方磊突然发现自己家里多了一面镜子，便扯开嗓子吼了起来："妈，你干吗啊，我说了家里不要摆镜子。"

方磊的妈妈在厨房炒菜，听到了方磊这么一咋呼赶忙出来看看，看到方磊这暴跳如雷的反应就笑了："这是隔壁的黄阿姨送来的，她说网上打折两个包邮，就给你和她们家丫头都买了一个。你黄阿姨那天来家里做客的时候说咱家连个镜子都没有，还是养的丫头呢。我想也是。其实磊子你现在长得可漂亮了，没人再会说你了，不信你自己就去看看……"

"别说了，妈，我说了家里不要有镜子，我讨厌镜子！"方磊吼完这句话就转身回了屋，把房门摔得震天响。新买的镜子孤零零地靠在墙上好像受了天大的委屈。

晚上方磊爸爸回来了，方妈把这件事说给爸爸听，爸爸叹了口气，什么都没有说。

其实方磊小时候很淑女的。

方磊的爷爷很想要个孙子，早早地就将名字给起好了，听起来很有男子气概。没想到儿媳妇生了个丫头，爷爷说都已经跟老祖宗说好了叫什么名字，就算是个丫头也这么叫，所以虽然妈妈不同意，但拗不过老人家的心愿，便让女儿叫了个男孩子的名字。方磊从小很淑女，但是不知道是名字不好听影响了她，还是其他什么原因，小时候的方磊长得的确很难看，精精瘦瘦，又很黑。爷爷希望方磊就算是女孩也要自强，所以坚决送方磊去学跆拳道。方磊小时候很爱照镜子，每次照完镜子之后都会很委屈地问妈妈：

"为什么我长得不好看呢？不像班里的其他女孩子那么白白的。"妈妈总会安慰方磊说："等你长大了就好看了。"

但是方磊直到上了小学，还是黑黑瘦瘦的，她喜欢穿公主裙和小皮鞋，这和她显得特别不搭。有一天放学，有几个初中生要抢一个低年级小男生的钱，方磊学过跆拳道所以挺身而出，去保护那个男孩。最后因为双拳难敌四手被打趴下，钱也被抢光了。初中生还对着小小的方磊吐了吐口水说："这么丑，男不男女不女的样子还学雷锋，都不照镜子的吗？还穿公主裙，笑死大爷了。小子，这么丑的女孩子都来保护你，你也真是幸福啊。"

方磊听到这话顿时觉得特别难过，但还是站起来，准备拉起旁边的男孩子。却被男孩嫌弃地推开了："谁叫你多管闲事了，被你救我丢人丢大了，这件事别让别人知道。被学校最难看的女孩子救，比被抢劫还丢人。"

说完扬长而去，留下方磊一个人愣在那里。

从那次后，方磊再也没有穿过公主裙和小皮鞋，她要妈妈带她去剪掉了齐腰的长发，穿上了T恤衫做个男孩子。妈妈不明所以，但是知道女儿肯定在学校受了委屈便任由她去。剪成平头的方磊回家就收起了所有的镜子，妈妈刚想问问方磊原因，小方磊就窝在妈妈的怀里哭了，边哭边呜咽说："妈妈，以后咱家再不要有镜子了，我再也不要照镜子，也不要穿连衣裙了。"

这件事是后来方磊的妈妈去找学校老师了解情况的时

候，老师告诉妈妈的。为了保护方磊小小的自尊心，妈妈决定把这件事埋在心底。可如今已经好几年过去了，方磊仍然没有走出阴影。那次生日妈妈看见方磊穿上了朋友送的连衣裙，以为一切都拨云见日了，哪知道原来并没有过去。

第二天，小雪提早去找方磊一起上学，她觉得自己太过任性，方磊不喜欢的事情就不应该逼她去做，于是特意给方磊买了早餐，当作是道歉。

到方磊家的时候方磊还没有起床，是方磊妈妈开的门。小雪有点不好意思地描述了一下昨天跟方磊吵架的事。方磊的妈妈长叹了一口气，便对小雪讲了方磊经历的那件事。听罢后小雪有点沉默，听到方磊起床的声音才回过神来。

小雪看了看立在门口对着墙放置的镜子，狠了狠心把镜子转了个身。明晃晃的镜子一下子刺痛了方磊刚刚醒来、还有点蒙眬的眼睛。本来方磊看见小雪这么有诚意已经打算原谅她，这一下她更生气了。

"闫小雪，你想干什么？谁让你乱动我家的东西了。"方磊的语气很不好。

这时的方磊头发很乱，睡眼蒙眬，穿了小熊的睡裙，虽然是宽松款式，但还是掩盖不了她的亭亭玉立。小雪狠了狠心，直接扯过方磊的胳膊，将方磊拖到了镜子前。方磊一时没有反应过来，看到了镜子里的人突然就愣住了。

"方磊，人如果不能从过去走出来，就永远过不好现在的生活。过去的事就过去了，没有伤害怎么能成长？小时候不漂亮不表示会一直不漂亮，你一直不照镜子，其实是你不敢面对你自己！"小雪说得有点激动，因为在学校里，方磊一直扮演着男孩子的角色，小雪从来没有这样违抗过她。

方磊看着镜子里的自己久久没说话，只是默默地流下了眼泪。

"磊子，小雪说了妈妈很想说的话。就算你排斥镜子，排斥任何反光的东西，排斥连衣裙，可是你不能排斥你自己。妈妈给你放这面镜子，是希望能够照亮你的心，不想让你再活在黑暗里；也让这光亮驱走你的懦弱和胆怯。真正的勇士敢于面对黑暗的人生，更何况我女儿现在这么漂亮，你应该是坚强勇敢的。妈妈给你这面镜子是让你照照自己的内心！让你能够更好地生活啊！"

这时，小雪、妈妈、方磊都沉默了。半分钟后，方磊默默地回到房间，穿上了生日那天小雪送的连衣裙……

千里之行，始于健康

千里之行，始于足下。这是我们很早就听过的一句话，大意为要走上千里的行程，必须从脚下第一步开始。今天我们的名词新解也大同小异：千里之行，始于健康。无论我们走多少的路，看什么样的风景，无论我们踏上的是真正的旅程还是意境中的人生路，健康都是我们行路的基础。

汽车没有汽油是无法行驶的；电器没有电是无法工作的；手枪没有子弹是无法战斗的；而人生漫漫的长路没有健康，是无法向前的。

我看过一个故事。

说有一个体院毕业的高材生被分配到某市最好的初中去做体育老师，学校总共有六十多个班级，体育老师加上他自己有三个，音乐老师四个，美术老师四个，他很诧异地问校长这么几个老师怎么能够带得了这么多的班级呢？校长却连连摆手说，够了，够了，这么多老师足够了。

这名体育老师姓刘，从校长室出来的时候他便去教务处领课程表。他想这么几个老师肯定有很多课了，果不其然领到课程表之后刘老师脸都僵了，基本上全天除了一二节不可能安排给体育课以外剩下的几乎全部满满当当了，还有的课竟然两个班都重复了。他很奇怪，又拿着课表折回了教务处问主任这课表怎么排的？这两个班重复我去哪个班上课呢，主任头都没抬地说就是这么排的，你放心不会累死你的。刘老师有点气不打一处来，但是因为是新人，只能出了教务处想着明天见机行事了。

回到体育组办公室，刘老师和另外两位体育老师打了招呼。另外两位体育老师显得没精打采的，但是看见他来还是很兴奋说终于来人了。刘老师挠挠头很不好意思地说平常只有两个老师是不是担子很重啊？完全没休息是吗？哪知道另外两个老师却满眼失落地说："哪有啊，太轻松了，轻松的都不知道做什么了。这回好，你来了我们可以斗地主了，以前老是差人。"刘老师觉得有点莫名其妙，这葫芦里卖的都是什么药啊。他提出让两位老师带着自己到体育器材室去看看。这下轮到另外两位老师莫名其妙了，哪有什么体育器材室啊，咱这办公室挂着的就是器材。

环顾这间小小的办公室，器材一共是四副羽毛球拍、六个篮球中三个是没有气的，两个床垫子。这下刘老师真的有点生气了，他觉得大家对他都有点欺生找茬儿的味道。

这天晚上刘老师备课到很晚，这是他走马上任的第一节课，他想把这节课教好，可第二天的情形完全出乎他的意料。

第二天三四节课是初二（3）班的课程，刘老师准备妥当。第二节课的课间就到了操场自己开始做准备活动，哪知道上课正式铃声响起了也没有看见一个学生的影子。他有点纳闷直接去了初二（3）班的教室门口，一名女老师已经开始在黑板上写元素方程了。难道是学校课表没有发放到位？他想了想还是进了教室想问清楚情况，正在写字的女老师诧异地转过头问他有什么事情。他看着教室内粘贴好的课表指指说："今天这节好像是我的课吧？"

女老师一副看外星人的神情盯着刘老师，然后继续写自己的元素方程，边写边说："你是新来的吧，你去问问校长吧，我还要上课，初二学生的时间你浪费得起吗。"

刘老师这回真的生气了，难道上他的体育课就是耽误时间吗，他愤愤然地去校长室想讨个说法，却被校长的一席话震惊了。

"小刘啊，你才刚刚入行，昨天你不是嫌课多吗？其实除了初一的体育课你可以两周去一节看一看以外其他的就不用你费心了，现在学生成绩咬得多紧啊，哪里还有时间去疯玩啊，那些什么劳动啊、美术啊都不是初中生该想的事啦，除了音乐、美术专业倾向的学生，其他的我们还是以文化课为主，现在每个学校都是这样的，小孩的成绩才是硬道理，每个学校都抓得这么紧，咱这省重点又是刀尖上的，能不抓紧吗？要不然不仅影响学校的声誉还会影响学生的热情啊。"

刘老师愣在那里，完全不知道这教育行业还有潜规则，这体育老师的课就不是课啊。他争辩道："校长你不能不重视学生的全面发展，这样学生怎么健康成长，每天久坐不休息会影响身体发育，他们现在正是长身体的时候，不多多运动怎么能更好地学习呢！"

校长有点不耐烦地摆摆手，"学校每天不是有大课间的课间操吗，而且学校现在都是不允许推后放学和拖堂的，中午的时间也可以给他们娱乐，上课的时间就是那么一点点，每天只有几个小时，怎么就像你说的那样发育不良了，他们一个个都精神得很，行了，行了，你不要说了，初一的课你准备下就行了，把课间操教给他们，教会就行了。"

刘老师还想申辩什么，却被校长很客气地请了出去。

这回刘老师终于知道为什么体育老师都这么没精神了，也知道为什么教导主任那么肯定地说课表是对的了，原来这个学校的体育老师完全形同虚设啊。

这天大课间出操的时候学校却出事了，一名品学兼优的学生在大课间的时候突然晕倒在地。刘老师眼疾手快一个箭步冲过去抱着学生就往医院跑。那名学生到了医院输了生理盐水之后才慢慢苏醒。医生对着刘老师和学校赶到的几位领导一阵训斥："每天医院都会收到好多这样的学生，完全不锻炼，身体羸弱！就会学习，我的孩子就是被你们这种教育弄得现在变成了少年肥胖！每天精神萎靡！在家里也不愿意运动！这样的身体怎么可能好好学习！"

回到学校后校长一直没说话，第二天学校网站上登出了一份招聘美音体老师的招聘书。

这是一个普遍的现状，不仅仅局限在故事里。初高中生的身体百分之八九十都是处于缺乏锻炼的状态。我们在关注语数外政史地理化生的同时，我们更要关注的是自己的身体和健康。假若你每个月都会感冒生病，重则打针吃药，轻也要难受数日。在这鼻塞咽痛的一星期，也许我们能够带病坚持，这会被赞成刻苦。也许我们完全没有办法继续学习，这也可以理解。无论是哪一种，我们学习的能力都会大打折扣。在医院有很多孩子，都是十多岁的样子，一边打着点滴一边继续学习，其实眼睛里都是疲惫，一旁的家长满眼的关切但是却丝毫不敢松懈。其实这都是无用的行为，带病学习不但会让我们的身体更加脆弱，也完全不利于我们的学习、工作。

身体是革命的本钱，不管我们学习多么刻苦和努力，永远不要忘记健康才是基础和能量。注意自身的健康，我们要做到以下几点：

1.坚持上体育课，听从体育老师的安排，坚持出操。课间要活动身体，眺望远方，这样既可以舒缓我们学习的紧张情绪，也可以恢复我们久坐的身体机能。多运动。健康的运动，比如夏天游泳、打篮球，冬天可以打打雪仗。无论怎样的运动，只要是健康的舒心的都可以多多参与。学校的运动会要积极参加，不要永远只当看台上的观众。周末多出去踏踏青，你会发现健康积极的生活不仅可以增强你的体质，还可以让你交朋友，扩大社交范围，增加密友的感情。还可以反作用于自己的学习，好的身体永远是生活的基础。

2. 身体是自己的，生病一定要记得检查。有的同学害怕影响学习，觉得有点小病挺一挺就过去了，不愿意检查打针，时间久了会出现在校突然晕厥的情况。切记小病不能拖，磨刀不误砍柴工，好的身体是支持我们学习的源泉。

3. 按时完成作业，定点上床睡觉。现在很多学生会在家里做作业做到零点或者一两点。老师布置的作业是定量的，所以一定要给自己定一个时间完成作业，然后准时睡觉。充足的睡眠才会有充沛的精力，熬夜最伤身。这样会让一个白天都无精打采的，一个缺乏睡眠的脑袋没有多余的精力来学习呢。

4. 注意饮食卫生。校门口的油炸食品、碳酸饮料、膨化食品，这都是我们最喜欢的，饱口福的同时却没有发现这些东西是最伤身的。现在的青少年肥胖率都快要达到百分之四十左右，营养过剩，久坐不动，加上垃圾食品的摧残。我们没有办法控制这些食品的生产，但是我们可以抵制这些食品的诱惑。女孩子难道不想让自己有一个好的身材吗？男孩子难道喜欢自己圆圆墩墩的样子吗？

千里之行，始于建康。希望大家都有一个健康的身体，努力学习，早日成才。

健康的生活习惯成就美好人生

健康的生活习惯到底是什么呢？

小明每天六点半起床后，刷牙洗脸，吃早餐，七点半准时出门上学，八点到校，一早上精力充沛。中午十二点放学，吃午餐，一点睡午觉到一点半，两点准时到校上课。晚上五点放学后吃晚餐，晚餐完毕参与学校晚自习或者没晚自习的时候自己完成作业。十点半上床睡觉，每天八小时睡眠时间，作息安稳，成绩优良。

这是我们最健康也最平常的一种生活习惯，但很多时候我们都不能按部就班地完成，比如作业做到半夜才睡觉，早上起来没有精神，一天都无精打采。第二天晚上作业依然不能按时完成，产生恶性循环，我们似乎在找一个平衡，这个平衡一旦打破就无法维持。

　　那我们到底应该怎么做呢？我们生活在这个世界，每天缤纷多彩的生活需要我们花费很多的精力和热情。可人毕竟不是机器，转动和消耗都有自己的极限，我们充电的方式也仅仅只是睡眠、进食和娱乐。什么样的生活才算是健康的生活呢，我们来听几个故事。

　　刘宁一直都是个好孩子，积极上进，认真学习，可是初中时突然迷上了网络游戏——英雄联盟，这游戏是他那伙好友里人人必玩的。他每天放学都去网吧，成绩一落千丈。他也产生过愧疚之心，只是深陷其中无法自拔。他每天看见父母失望的神情都会在睡前告诉自己要好好听课，可是看见黑板上越来越难懂的二次函数就再也看不到希望。于是他开始逃课，网吧里烟雾缭绕，他也开始抽烟。父母忙于工作只知道给他找补习班。他就更堂而皇之地上网，抽烟，打游戏。很快父母给的零花钱就不够用了，他便跟着他那群小伙伴一起在学校周围抢小孩子的钱，父母给他交钱的补习班他会自己去退款然后填写错误的电话号码。从最初的愧疚到如今的愈演愈烈只用了短短的三个月时间，每天去学校都只会在上午有班主任的课时现身，下午的课程几乎是全部逃课。父母被学校叫去几次。他也挨过打；挨过骂。看见母亲痛心疾首刘宁也觉得难过，但是他却不知道怎么收手，游戏里的人物和技能似乎像吸铁石一样牢牢地吸着他，令他无法摆脱。一个品学兼优乖巧懂事的孩子沦落下去，他没有考上高中，从此沦落到街头过早地接触社会。

　　人生就如一场戏，我们都是这场戏里的演员，有的人一辈子都不能大红大紫，影后和影帝永远都只有那么一个。我们要怎样做才能成为戏里的主角，而不是别人的配角？

　　从这个故事里我们可以看到，刘宁原来是个品学兼优的好孩子。可他为什么突然就走上了歪路呢，那是因为他身边有一群已经走上歪路的朋友。一杯清水，滴入了一滴墨水都会变得浑浊不堪，好的生活习惯不仅仅需要一个好的生物钟，也需要你交一个好的朋友，有一个好的环境。物以类聚是最好的解释，尽管这个词有的时候略显牵强。人的控制能力毕竟有限，好的生活习惯是最起码的条件，就是尽可能地生活在一片清澈的水域里，并尽量流动，不让污浊残存。

　　佩佩的父母没有正式工作，都爱赌博，经常有上门要债的吓得佩佩整晚不能入睡。她从小就坚定了一个信念，就是不可以走父母的老路。如今她以优异的成绩考上了一类大学，大一就过了英语四六级。这是一个真实的事件，身边所有的阿姨都说佩佩很争气、很努力。这就是上面那个例子的反例，健康的生活习惯能够让我们拥有更加美好的未来，而一个好的环境仅仅只是一个让我们更好生活的条件，没有条件我们也可以自己创造条件。所以，自怨自艾本来就是一件很可悲的事情，人们最大的希望，本身就来源于自己。

　　这两个例子告诉我们，良好的生活习惯是后天的培养

129

和坚持，良好的生活习惯可以给我们带来更好的生活环境。

微博里有一篇很火的帖子，大意是放假的时候早上不起床，起床就上网，晚上不想睡。有的同学从初中开始就接触酒吧、KTV这类娱乐场所，文身打架，夜夜笙歌，在课堂上呼呼大睡，这些最为萎靡的生活状态竟然成了炫耀的资本。价值观念的扭曲直接造成了叛逆的疯长和难以控制的思想。心魔永远都是别人无法帮助控制的。

健康的生活习惯是什么呢。

1.早睡早起，三餐定时。这是表面的，也是我们必须要做到的，因为身体是革命的本钱，健康的生活习惯还包括交好的朋友，不沉迷上网游戏，培养自己的兴趣爱好，健康运动，偶尔和朋友唱唱歌，看看正能量的书籍。

2.健康的生活习惯包括饮食习惯、卫生习惯和学习习惯。饮食习惯包括学会拒绝垃圾食品的诱惑，拒绝洋快餐，做到不挑食，早餐好，中餐饱，晚餐少。卫生习惯包括个人的卫生和集体的卫生，勤换衣服，勤洗澡，勤剪指甲，勤洗衣服，自己的事情自己做。我们都是少年了，衣来伸手饭来张口是幼儿园小朋友做的事。健康的习惯包括关心自己的家人，做力所能及的事情，我们都想证明自己能够做大事，而所有的大事都要从身边开始。学习习惯就是课堂上专心听课，回家按时完成作业。

大道理我们都懂，可做起来永远都那么困难，游戏到十点的时候会告诉自己该睡觉了，这个动作很简单就是关机上床，可是身体却不受控制地告诉自己再来一局。良好的生活习惯想要做到是很简单，但是想要保持却不那么容易。

　　未来——永远是家长跟我们提到的最多的话题，中考、高考和名校是我们生活里的指路标志，我们也许会感觉到累，感觉到疲惫，但是我们必须要勇往直前。成功没有捷径，这条路是每个人必须走完的行程，以后的路会更难走，会更加陡峭和颠簸，你是想步行还是想坐汽车、火车、飞机，这是你自己可以决定的事情，什么时候改变都不算晚，改变自己的生活习惯，将改变你的命运，影响你的一生。

让心灵洒满阳光

　　浩然和小雨是同父异母的兄妹。浩然的父亲从乡下到城市去打零工后，便一直都没有回来，在浩然五岁之前他对父亲的印象几乎没有。乡下没有启蒙教育，浩然连自己的名字都不会写。母亲也只是个老实巴交的农民，每天日出而作日落而息。浩然每天就和那些同样没有爸爸的小伙伴在一起玩耍。乡间总有数不清的乐趣，李大伯家的西瓜、蔡大叔家的番茄，还有煤老板家的贵宾犬总是能引起浩然和他那群小伙伴的兴趣，所以童年时期的浩然并不觉得没有父亲是一件多么特别的事情。

　　只有在过年的时候浩然才会想起自己的父亲，因为每当除夕基本上外出的男人都会回到家里，只有浩然的父亲过了五年却一次都没有回来过。他从来没有问过妈妈爸爸会不会回来的事情，在他小小的脑海里有没有爸爸都不会影响他的生活。

小乡村民风质朴，乡邻之间比较亲密没有芥蒂，嚼舌根的农妇一般都会遭到大家的鄙视。浩然并没有像小说里那样被人说没有爸爸之类的风凉话，所以浩然总觉得自己还是挺幸福的。

浩然五岁的时候父亲回来了，开着奔驰车回来的，车卡在进村的泥巴路上不能走了。隔壁的李大婶一路咋咋呼呼地跑到浩然家说："然然妈，你家男人发达了，回来了！"浩然妈刚系上的围裙都没来得及脱就一把抓着浩然往村口跑，浩然从来没看见过自己妈妈会像村口李大爷家电视里播的运动员那样身手矫健。

那是浩然第一次见到自己的父亲，父亲在浩然出生前就外出打工了，每年会寄回来一笔钱养活自己和母亲。他虽然不介意父亲从未回来看过自己，可还是对父亲抱有幻想，见到父亲的时候浩然觉得自己没有失望，衣装笔挺的父亲比他看见过的那些拎大包小包回来过年的男人都要精神。

浩然看了看自己的母亲，妈妈有些容光焕发的感觉。满眼都是幸福和喜悦的神情，耳鬓的发际线有些泛白了，在阳光的照射下竟然有些七彩的光泽。浩然的母亲在村里一直都是最漂亮的，这个是村里公认的，大家一直都说浩然的爸妈郎才女貌，十分般配。

　　还是父亲先过来抱起了浩然，然后母亲一脸小女人的模样跟在父亲后面往家里走，三个人在路上都没说话。乡亲们也只是在路边悄悄地探头打量这久别的一家三口，每个人的目光里都是幸福和祝愿的神情，浩然觉得这可能是他这辈子过得最幸福的一天。

　　父亲在家里待了三天，一直都很沉默，没说什么话，他带回来了一部平板电脑，浩然很快就学会玩切水果。浩然拿平板电脑在小伙伴面前炫耀。母亲每天还是忙忙碌碌地准备饭菜，喂鸡喂猪。父亲就一直在家里摆弄自己的手机。浩然知道这个手机和村口李大爷家里的电话一样可以和外界通话的，他一直没用过，他不知道那零到九的数字要怎么拨通要打给谁，他看见过大毛去给自己的爸爸打电话，他不知道拨通后那边是什么。他觉得现在有手机就好了，以后也可以给自己的爸爸打电话了。

　　第三天父亲终于按捺不住在饭桌上开了腔："他妈，五年没见了，辛苦你了。我知道我对不起你，但是……"

　　浩然妈捂了捂嘴让浩然爸先不要说了，转过头去从包里拿了五块钱给浩然说："你去村口李大爷那里买个面包吃吧，大爷那里新进了城里带回来的面包，你去吧，爸爸妈妈有点事要处理。"

　　浩然很听话，拿着钱就乐颠颠地出门去了，五岁的孩子不知道会有什么事情发生，他抱着父亲给自己的平板电脑一蹦一跳地去了村口李大爷家。正巧李大爷的孙子大毛在门口溜圈，看见浩然抱着平板电脑想抢过来玩，却被浩然一把推开，两个孩子一推一闹中，浩然抱着的平板电脑吧唧一下摔在一块尖锐的大石头上，屏幕顿时碎成了蜘蛛网。

两个孩子很快打在一起，大毛尖叫着嚷道："刘浩然你这个杂碎！我爸去城里进货的时候看见你爸爸也是开着那辆破轿车带着别的女人还有个小女孩！你以为你爸爸是什么好东西！你玩的这个破电脑是那个小女孩玩的不要了的破烂玩意！"

浩然狠狠地把大毛推倒在地然后飞奔回家，看见母亲的眼泪和父亲的沉默，他直接把一锅汤打翻到父亲的身上，然后恶狠狠地说了句"呸"。

第二天浩然家里就出了大事，母亲在河边洗衣服的时候失足落了水。谁都明白这村里的女人哪个不是深谙水性，可谁都没有明说。浩然的眼睛里多了一分狠毒，他沉默地和父亲一起料理母亲的后事然后没有半点反抗地登上了父亲的小轿车随父亲去了省城。

那是他从来没有见过的地方，城市里车水马龙，霓虹灯目不暇接，浩然却一直低头无视任何风景。他除了第一天被父亲抱着回家的时候叫过父亲一声爸爸，再也没有叫过第二声。

浩然去了爸爸的新家，一栋市中心的复式楼，空中花园，欧美装饰，还有打扮得和洋娃娃一样的小雨，风情万种的后妈。

　　父亲提醒浩然叫阿姨，出人意料的是浩然竟然没有沉默而是喊了一声阿姨。父亲有些惭愧，儿子的懂事和原配妻子的意外死亡也让他觉得异常内疚，可是倘若不是当初宛如的背景他也不能有今天的地位和财富。宛如就是他现在的妻子，独生女，家境殷实。生育小雨之后父亲终于想到了自己那年少的儿子，就想把儿子接到省城来念书上学，本来是想跟前妻解释然后给前妻在城里买套房子养老，但是没想到会造成这样的结果。

　　浩然心里有一簇报仇的火焰一直熊熊燃烧，他偷偷去了小雨的房间，在小雨的奶瓶里灌下了小半瓶的消毒液，虽然抢救及时，但是消毒水烧坏了小雨稚嫩的喉咙，导致小雨永远不能再开口说话。

　　这是一个有点落俗的故事，看完一个故事我们就要懂得一个道理。这个故事里所有的人心态都不健康，所以才会导致悲剧接连上演。首先是爸爸，为了自己的发达把家乡的妻儿弃之不顾竟然攀上高枝；然后是妈妈，因为受不了被抛弃的刺激竟然把自己幼小的儿子撇下，导致浩然心灵蒙上阴影；宛如在明明知道对方有家室的同时却还是选择破坏别人的家庭；大毛因为妒忌浩然父亲带给浩然的新奇玩意变得尖锐而刻薄；而浩然因为仇恨最终伤害了最无辜的小雨。

　　这世界有很多东西是金钱买不来的，阳光、雨露、亲情、爱情、友情、缘分和坚强。每个人都要生活下去，但是每个人都可以选择如何生活，浩然的爸爸可以选择过普通人的生活，和浩然的妈妈在一起虽然贫穷但是美满；浩然的妈妈也可以选择，她可以选择坚强，带着浩然继续过平静安宁的日子；浩然也可以选择，他可以选择原谅，原谅突然的变故带给他的伤害，更加努力地生活下去。

人生有很多的路可以走，可是很多的黑暗会让我们突然"失明"，变成一个瞎子，只会在生活的迷宫里胡乱打转磕得头破血流，每个人都应该有一次被原谅的权利。原谅别人的同时也放过自己。

黑暗的时候，我们应该怎样打开心扉让阳光晒进来呢。

人生难免无常，要切记失意绝望都是暂时的，结果一定是好的，如果不好，证明还没有结束。找到正确的路才能够往前走，擦干净我们的心灵才能让阳光照进来，路一直都在，只要我们能够正确地选择，就一定可以到达顶峰。

要记得雨后才会有彩虹，抗压能力越强开出的花就会越香，大雨过后阳光普照，彩虹会在云端出现，所以不要害怕下雨，不要害怕生活，无所畏惧才能够勇往直前，要相信自己一定可以战胜任何的困难。不管是一道二元一次方程还是一篇拗口的文言文，不去努力永远都不会知道自己有多优秀。

让心灵洒满阳光，永远都要记得生活由自己掌握，生活这份试卷我们每个人都有作答的权利，满分还是零分这取决于我们自己。

许自己一个梦想

　　有一个故事，相信大家都听说过。佛祖问世人什么样的人生是最悲惨的，人说，最悲惨的莫过得不到和已失去，佛祖微笑，让世人去人世间感受俗世的艰难困苦。人间的轮回结束之后，世人再次见到佛祖。佛祖又问他，现在你认为人世间最悲惨的事情是什么？世人想了想回答道，是得到了再失去。佛祖又笑，让世人再进行一次轮回，佛祖第三次见到世人的时候还是问了相同的问题，这世间最悲惨的事情是什么。世人沉思良久终于回答道，是我们从未想要得到和从未害怕失去。

　　这个世界，明天和过去都是无法变更的事件，未来不可知，可是因为害怕失去而不去争取，而不去梦想，那么人生就是一盘永远无输赢的死棋，不能面对失败的人永远拥有不了明媚的人生。我们这一辈子，除了生死有命，其他所有的事都值得我们为了得到而不懈努力。

我很久很久没有被问及梦想了，小时候这似乎是每天都必须要问的话题。梦想不是幻想，它可大可小，值得我们去付出一切的东西。比如我明天的早餐想吃到麦当劳，那么我可以起一个大早然后去买，这就是实现的一个小小的梦想。梦想并不空泛，而是我们想要得到并且可以得到的。可是倘若你说想要明天早上和玉皇大帝喝茶聊天，这是不可能的。我们不排斥正当的信仰，但是这在大多数人的眼里只能算作是迷信。梦想和幻想的本质区别就在于梦想可以通过努力得到，而幻想只是情绪的发泄和心理的满足。

我们需要梦想，没有梦想不谈人生。年幼的时候我们有很多的梦想，今天我想做一名科学家，想做一名邮递员，想做一名市长，这些都是很正常的梦想，可是为什么当我们慢慢长大后，会觉得从前的梦想就是幻想了呢，那是因为我们对未知的怯懦。我们长得越大懂得越多，我们在惊叹爱迪生和诺贝尔的抗压能力之后却给自己加了一个不可能的界限，我们懂得越多畏惧也就越多，因为我们慢慢地知道这些梦想的实现要走一条遥遥无期的路，所以我们畏缩，我们不能坚持下去并不是因为我们喜欢半途而废，更多时候是因为我们都没有想过开始。

更多的经验与教训告诉我们不打无准备的仗。小时候，我总被母亲问及梦想，我总是说我想做一名作家，年少的时候这个想法会被母亲说有出息，但是在初中之后我再说这是我的梦想竟然遭到母亲的责骂，她会说这是不切实际的空想，根本就无法实现。那个时候我惊讶于母亲的态度，从此再也没有向家人提及这个梦想，但是我从来没有放弃过，我知道这条路有多么的艰苦，可是我依旧坚定，我没有盲目的自信也并未觉得自己有多么的才华横溢，我只是觉得我不可以放弃，实现梦想的第一要素就是相信自己。

我有一个在音乐上很有天赋的哥哥，他初中开始就很喜欢音乐、吉他和钢琴，但是因为小时候没有基础，所以学起来很吃力。我的姨夫是一名很有思想的厂长，在我母亲和众多家人的劝说和不看好下，他依旧选择支持我哥哥的梦想，我哥哥现在是一所著名音乐学院最好院系的高材生。

我们在应试教育的压力下，慢慢地磨灭了所有的兴致和激情，十年寒窗，名校毕业，却还是要在众多毕业的大学生里挤破脑袋去找一份安安稳稳的工作，并过着几十年如一日的生活。可是我们正处于人生成长期，却已经可以预知五十年之后的生活，这在我看来真的是一件无比悲惨的事情。

我在我妹妹的学校里做过一次调查，统计同学们的同学录，百分之八十的人竟然会说没有梦想，梦想这一栏的空白让我觉得有些瞠目结舌。剩下的百分之二十半数会说考一所名校，很少有人会说一些鲜活的点子，这和我小学的同学录形成了无比鲜明的对比。在我的观念里梦想是支撑人们活下去的必需品，可是却这样狼狈地被花季的少年排除在生活之外，这的确让我觉得有些难以接受。

那天和闺密一起闲聊，闺密告诉我说小时候她有一个梦想是做清洁工，原因是她总觉得清洁工都不用怎么上班，我笑话她少不更事的时候才恍然大悟，原来我们慢慢失去的不是梦想，而是在慢慢了解生活之后，失去了对生活的激情和勇气。

那天看见了一个很火爆的帖子，讲的是一个女孩喜欢了一个男孩两年多，每天都会在不同的时间不定时地骚扰这个男孩，男孩在学校是品学兼优的学生，很多的女孩子喜欢他。这个女孩子不是最特别的也不是最漂亮的，但是因为十分坚持，所以最后感动了男孩。贴吧上贴出了两人两年以来的聊天记录，年少时的爱情总是懵懂美好的，我记得印象最深的一句话就是男孩跟女孩说喜欢我的女孩子有很多，但是一般都是坚持个一两天、一两个月就结束了，只有你这个傻丫头坚持到了现在。女孩很自然地回应男孩说，因为你是我的梦想。

其实每个人的机会都是均等的，每个人在上帝的眼里都是一样的重要，内心的畏惧是我们最大的敌人。没有那么多的前车之鉴，梦想就是要一往无前。

近年的选秀节目一直都大热，《中国好声音》和《快乐男声》之类的节目层出不穷，有的导师和评委一上来就问你的梦想是什么，包括一直好评不断的《中国梦想秀》，很多人谈及梦想的时候会热泪盈眶。有的参选者已经四十岁了，拥有天籁之音，但是一直没有被发掘，然而一直在尽力坚持；有的因为梦想被家人误解，被社会嫌弃。梦想总是带着伤痕的，因为难以得到所以才更加珍贵；梦想有小有大，当你最终得到那个曾经让你日夜难眠、百爪挠心的东西时，那种快乐真的是无法言喻的。

关于梦想的事例太多了，贝多芬失聪的耳朵，诺贝尔炸伤的家人，爱迪生实验过的那些灯丝，还有梵高的向日葵田。有梦想才有人生，无论多么的惨淡，多么的凄苦，那些伟大的人背后永远都有数不清的伤痕。我们只有一辈子，如果我们现在都能够想象到自己八十岁的样子，那这一辈子其实在我们幼年的时候就完结了。

我有一个很要好的朋友想去意大利念书，今年四月的时候从未出过远门的她选择了自己一个人去北京学习意大利语。在我眼里，她是一个很乖巧的女孩子，从来都没有做过什么出格的事情，但是去意大利留学这件事，却是她违背了家里所有人的意愿而做的。她在北京学习语言的三个月里，我几乎每天都会给她打电话，她总是有很浓重的鼻音，住在三环边上一个很破旧的房子里，每天都是方便面。那天我心疼地给她寄过去一包家乡的特产，她在电话那边痛哭失声。她会怀疑自己的方式是不是有些偏激，怀疑自己是不是有些急切，但是我最欣慰的是她从来就没有怀疑过自己的梦想是不是有些不值得。三个月的时间，她回到这里的时候已经完全脱胎换骨了，她说北京的生活让她吃了这么多年从来没有吃过的苦，但是也让她体会到了从来没有体会到的幸福。我们在路上偶遇一个意大利人，她与意大利人用蹩脚的英语交流之后，就开始用意大利语交流，我完全不知所云，但是她们两个人却交流甚欢，最后竟然互换了联系方式。从前的她是秀气到不敢跟陌生人用眼神交流的人，现在却让我自愧不如。我忽然感觉这才是人生，人生就应该为了梦想而不断地努力。其实她的成绩一直都很好，家里已经安排了很好的未来给她，但她还是决定去自己从小就梦想的地方。未来如果不未知，那还称得上是未来吗。

所有的艰难都是暂时的。悲伤不会永恒，永恒的是平淡，想要就去做，最让人感慨的是我们现在连想都不敢想。

昨天和她通电话的时候她告诉我她的签证已经下来了，马上就会出发去意大利，我略略问了问时间和地点，给了她最真心的祝福。我羡慕她的人生，我相信她踏上飞机的那一瞬间，内心的忐忑可能和期待一样多，但是我相信她终将成功。

确定一个梦想，然后为了它去努力吧，其实实现梦想的过程是值得一生怀念的。怎么才能确定一个梦想呢？我有几个建议。

第一，梦想是一个宽泛的概念，但还是有它的局限性。我并不认为梦想做一个全职太太的人不能拥有一个灿烂的人生，所有的梦想都值得被尊重。所以，所有的梦想都必须要忠于内心，梦想跟生活一样是没有贵贱的，我们不能歧视别人的梦想，别人也不能够反对我们的梦想。但是梦想必须要正当，你可以梦想很有钱，以后成为世界首富，但是最起码不能触犯法律，所有实现梦想的人都值得被尊重，但是所有的手段都必须正大光明。

第二，不要害怕未知的世界，人生短促，十年匆匆而过，我们活下去，是为了享受美好的人生而不是为了重复单调的生活。《北京青年》是热播的一部电视剧，里面的四个青年为了实现自己的梦想坚持辞掉引以为豪的工作开始漂泊，他们最后都觉得自己好像重获了新生，虽然日后他们还是会回到自己应有的轨迹里，但是那时候他们行走就不会再觉得那么无趣和疲惫了，其实梦想是一个润滑剂。

第三，不要在意旁人的眼光，现在难得会有人说想做一个科学家、教授或者是宇航员了。说想做市长、省长、主席的人也都带上了半开玩笑的成分，有的人正经地说出自己以后想做考古学家竟然会引来别人的嗤之以鼻，好像就注定了不可能。

梦想是最崇高和伟大的，实现梦想的道路是黑暗的，但是要相信，我们活下去，总要有点希望。

乘风破浪抵达梦想的彼岸

朱宁从三岁开始学习画画，极有天赋，但父母却是抱着打发时间的心态而让朱宁去学习美术的。朱宁有一个司令父亲，从小便对朱宁特别严格，在他眼里，画画和音乐这类花哨的东西都是不切实际的，所以当朱宁开始应试教育之后，父亲就很反对她画画了。不过小学的课程毕竟比较轻松一些，父亲虽然反对，但是课余时间也没有强加阻拦。

朱宁却越发喜欢画画了，一有时间就钻进她的小画室里，她把所有的压岁钱都用来采购画板、颜料以及大师的作品集，并且她觉得只要画画时就会有用不完的劲。朱宁在小学时就已经拿到了无数关于画画的奖项，可是父亲对她越来越痴迷画画的行为开始无法忍受了。时间飞逝，转眼间朱宁已经来到了初中。

　　小学时期的课业相对轻松，但是到了中学朱宁就没有太多时间顾及自己的兴趣了，进校的第一次期中考试，朱宁成为了学校垫底的学生，父亲知道这件事后大发雷霆。朱宁躲在自己的小画室里描绘出了父亲发脾气时的样子，悄悄笑出了声。父亲彻底的爆发是在朱宁升初二时的期末考试时，她的成绩全班倒数第三，父亲什么都没有说，直接清空了朱宁的画室并锁了门。家里关于画画的书籍全部都莫名失踪了，父亲也没有解释，朱宁泪流成河，发誓不再理会父亲。

　　失去了画具的朱宁就像失去了灵魂的躯壳，每天过着行尸走肉的日子，她内心狂躁。母亲疼在心里，却不知道怎么宽慰女儿，只能偷偷地拿钱给朱宁，让她自己买些画画的东西。但是没有了画室、书籍和奖杯，朱宁就像丧失了生机的花蕊，何况父亲再也不允许朱宁及家里任何人带有关画画的东西进家门，所以朱宁除了偷偷在课堂上画几笔以外没有别的办法。

　　初三毕业时朱宁并没有考上高中，她悄悄填报了艺术学院的志愿，没有跟父亲商量，通知书来的时候父亲沉默了一宿，这所艺术院校在北京，意味着十五岁的朱宁终于可以逃脱父亲的管辖而开始自己的生活。父亲没有言语，只是给了朱宁一张五万的卡，并毫无商量余地地告诉她，想要画画就要靠自己，既然不需要家里的意见，那从今以后家里再也不会为你花一分钱。

　　朱宁没有说话，也没有接过母亲偷偷塞过来的钱，而是收拾了行李带上画板踏上了去往北京的列车。那所学校每年的学费是一万，北京的消费水平压得小小的朱宁有点喘不过气，父亲给的钱除去三年的学费还要买画板和画具，根本就不够用，朱宁咬咬牙在南锣鼓巷附近支起了自己的小画摊，小小的身体背着画板拎着板凳，还要躲避北京随处可见的城管车。寒冬腊月里朱宁的手冻开了口子却舍不得给自己买护手霜，还要在冰冷的水里洗画板和画具，寝室楼下三块钱能洗一桶的洗衣机朱宁从来都没有用过，连厚实的空调被都是自己用手搓。三年里，朱宁没有去过天安门也没有去过长城，她只会躲在角落望着天安门和长城描绘一幅幅的色彩素描。这三年，朱宁也没有买过一件新衣服，母亲过来看过朱宁，面对母亲，朱宁有无数的愧疚，母亲塞过来的钱也没有要，还一直安慰母亲说自己过得很好。

　　这天，朱宁照例到一些景区摆摊，她很娴熟地支好画架画板，没人的时候就画画周围的风景，来人的时候就认真帮别人画画。这天朱宁的小画摊来了一个牵着女孩子的小帅哥，两人像是一对情侣，朱宁给那位男士画了一幅漫画型的素描，男孩儿看见线条和阴影眼睛瞬间就亮了，这幅画改变了朱宁在北京困难的生活。

　　朱宁这一年已经是高三毕业在即，平常的节省加上兼职赚来的钱和学校发的奖学金，也有了一笔小小的存款，但是这份存款只够朱宁在北京四环附近租一间小房子，出了学校一切都要重新再来。就在朱宁毕业的时候,那位画画的男孩儿却在学校找到了朱宁。

男孩儿提出让朱宁去北京一家规模不小的画室教书,另外可以免费学习设计,朱宁有点迟疑,男孩儿便递上了自己的名片,这家画室在朱宁的学校很是红火,每个毕业的学生都希望能够去那间画室工作或者学习,在北京那是数一数二的画室。

朱宁觉得命运还是公平的,她又迷恋上了设计,画画和设计是相通的,朱宁凭借在画画上的天赋很快便能够熟练地运用软件做设计了,凭借画室和学校的引荐,朱宁顺利地进入了一家大公司做设计师,工作风生水起的时候父母突然一起来北京看望她。

父亲依旧威武霸气,将近四年没见却苍老了很多,朱宁慢慢懂事了,看见父亲的时候眼睛就湿了,三个人坐在饭馆吃饭,父亲一直沉默,但是眼睛里多了温情和歉意,母亲早就红了眼圈。吃完饭后父亲突然开腔,希望朱宁能够回到家乡去,做什么父亲不会再干预,只想找回失落的亲情。

朱宁低着头,她也想回到自己的故乡,但最后还是摇了摇头,坚定地说,爸,我想去澳洲,那边已经有学校要我了,签证也马上就可以下来了。

父亲端着杯子的手有些颤抖,朱宁看不清父亲的表情,但还是知道自己伤了父亲的心,父亲是骄傲、威武的司令,统率千军，但是在自己的女儿面前却输得那么惨。

父亲没有多待就和母亲离开了北京，朱宁去机场送父母的时候，父亲喃喃地说："丫头啊，外面世界太大了，早点回家啊。"

朱宁看着飞机起飞，泪如泉涌。

第二年，朱宁踏上了去澳洲的飞机。

今年六月，朱宁学成归国回到了家乡，在家乡一家有名的设计公司担任设计总监。

这是一个真实的故事，就发生在我身边，朱宁是我初中认识的朋友，我们很要好，那时候我们都怀有各自的心事和梦想，她想画画我想写书，所以我们经常会在课堂上偷偷地画画和写书，等老师过来时会互相提醒。她的画很漂亮，几乎都不用橡皮擦，每一笔都那么的精准与立体。我很喜欢看她画画的表情，我看着日光照在她的侧脸就觉得这个世界是那么的温暖。

我很欣赏她的勇气，这个我真的做不到，那些日子那么艰难，我不知道她是怎样咬牙前行的，但我相信，梦想真的很近，她就是一盏灯，照着一条路，这条路黑暗无边，但是却因为那盏灯而充满希望。

另一个故事的主角是我妹妹，她从小就是男孩子的性格，留着酷酷的男孩头，她从小就喜欢车，也喜欢研究车，家里就有无数的赛车模型，她只要看见车型就能说出所有车的品牌，并能自己拆卸所有的零部件并还原。她的故事就比朱宁要顺利得多，至少她父母并没有那么反对她看起来也像不务正业一样的爱好。

现在她在一家高档车的公司上班，平时帮忙代驾，还偶尔参加一些比赛，总会有男车手轻蔑地笑话我妹妹是个女儿身，妹妹却总是可以直接用行动让那些男孩狼狈不堪，每次看见妹妹帅气的模样就会觉得梦想跟性别其实也没有什么关系。

这是我身边一直坚持最终成功实现梦想的两个例子，在我每次想要放弃梦想时，想到这些，就会涌起很多力量。我们也可以从这两个例子中学到一些东西。

第一，梦想需要坚持。梦想不是口头说说，而是要去做。如果你喜欢钢琴，就要日以继夜地弹奏；如果你喜欢画画，就要没日没夜地练习；如果你喜欢芭蕾，就要脚踏实地地旋转；如果你喜欢写作，就要多看多读名家的小说。梦想没有捷径，只能努力并坚持。坚持是实现梦想的唯一途径。

第二，梦想不分贵贱。难道梦想做一个科学家、市长、联合国秘书长或者是美国总统就是高尚的理想吗，难道梦想做歌手、演员或者是邮差就是卑贱的理想吗？我有一位朋友现在在家乡研究鱼塘，他的梦想是拥有一个自己的养殖场。每天，他身上都是动物的味道，但他从来都不觉得苦，家人也会说大学毕业就应该留在城市朝九晚五，但是每个人都有实现理想的权利啊，没有人能够说谁的理想是卑贱的，因为理想本来就没有高低之分。就像我妹妹，她从小就有一个男孩子的理想，梦想做和赛车相关的工作。试驾不是一般的女孩子能够做的工作，但是那又怎么样呢，理想能够让我们快乐并活得充实，让我们能够为之奋斗，理想是没有高低贵贱之分的。

第三，梦想需要强大的抗压能力。父母的反对、社会的舆论和朋友的冷眼，这都是阻碍我们前进的礁石，这些负面的影响会让我们流泪，但是不可以让我们放弃。我钦佩的不仅仅是朱宁离家的勇气和决心，更是她为了梦想而永不放弃的精神。没有几个人可以做到为了梦想而如此的义无反顾，我敬佩这样的女孩子，她让我觉得异常的美好。

梦想需要坚持、勇敢和义无反顾。只要是正确的，就值得我们去勇往直前，梦想都是高尚的，人生也只有一次机会，我们慢慢地往前走就会慢慢地看到希望。不轻言放弃，不轻言妥协，那盏灯就一直在那里，一直明亮，直到永恒。

梦想有时转个弯才来

　　陈果小时候想做一名研究员，因为她爸爸所在的公司是一家药厂。她每天随着爸爸去药厂上班的时候就会看见很多穿着白大褂的研究员在实验室里研究药水和胶囊。有一次午休时，陈果趁爸爸不注意偷偷进了实验室，刚准备学着那些研究员拿起一支试管就被抓住了，幸好发现得早而没有造成严重事故，但从此之后爸爸上班时再也没有带陈果去了。在陈果心里，那些蓝色绿色的胶囊和药剂就像是一粒粒糖果般吸引着她。

　　陈果到了小学的时候，却又迷恋上了老师这个职业，每次她都会主动去黑板上做题听写，并且主动承担了办班级黑板报的工作，拿着粉笔和戒尺往讲台上一站，骄傲就会油然而生。陈果求父亲给她买了一块黑板和许多粉笔，每到没事的时候，陈果就会拉着父母在自己的小黑板前坐下，然后自己像模像样地敲响了上课铃，并硬是逼着爸妈在小板凳上坐四十五分钟，爸妈看着她在黑板上乱涂乱画不知所云，陈果却乐在其中。陈果在四年级的时候接触了英语课，她看见英语老师挥洒地书写着英文单词，那些漂亮的拉丁字母就像一个个咒语，让陈果深陷其中无法自拔。她励志要当一个英语老师，并且在每一本同学录上一笔一画地写上自己的梦想：英语老师。

这个梦想持续到陈果初三毕业，那个时候流行在课堂上写小说，玄幻的、穿越的、青春的、古装的，女孩子的心思总是柔软而又细腻，那时候各自都有了自己的秘密，班里小说纷飞，但是陈果却突然喜欢上了 TVB 的推理悬疑的警匪片。她看见班里同学都开始写小说，便也凑个热闹开始了自己的文学创作。跟名侦探柯南一样，那时候的陈果迷上了福尔摩斯。每个人的小说都有生活的影子，主角或真或假的都很像自己。陈果的小说主人翁叫玮琪，她认为这个名字特别有涵养，小说里的玮琪特别有思想，总是能在第一时间到达案发现场然后以惊人的推理立马破案，继而深受市民的爱戴。那时候，陈果已经忘记了她的研究员和老师梦，下决心要做一个侦探，她认为没有人会比她的思维更加严谨和活跃了，如果不成为一名侦探真的很浪费资源。

高中时陈果还在为她的侦探梦想而努力着，每天就等着柯南的连载和福尔摩斯电影的上映，她期盼着周围有人能够出现什么大事让她一展身手。每次和妈妈一起看香港的推理片时，她都能准确地说出杀手是谁，妈妈总是特别惊讶地看着陈果，问她是不是偷偷地看过了。陈果认为自己与生俱来就是带有破案天赋的，直到这天班里突然出现了一个莫名的案件。班里同学王鑫的新钱包不翼而飞了，这个钱包是王鑫妈妈送给她的生日礼物，王鑫家境不太好，看中这个钱包很久了，结果生日后还没用上几天就不见了，所以哭得很伤心。陈果当场就决定要立案侦查，最后，她把嫌疑锁定在了王鑫的同桌，即班主任的女儿周敏身上，因为周敏和王鑫坐得最近，最有下手的可能，再加上王鑫的钱包是新的，班上根本就没有几个人知道。但是定案却让陈果为了难，她要怎么把自己这个并不确定的想法告诉王鑫呢？而且周敏是班主任的女儿，她也不敢凭自己的推断就下定论。

　　陈果为了确定猜测，还是把自己的想法悄悄告诉了王鑫，王鑫有点吃惊，但很快就肯定了陈果的想法。因为王鑫最后见到钱包的时间是在晚自习之前，因为钱包比较大，所以她去吃晚饭时怕把钱包弄丢了就放在了抽屉里，晚自习前所有同学都是要出去吃饭的，只有周敏是在班主任的办公室吃饭，她总是最早吃完饭然后回到教室的，王鑫回来后就发现钱包不见了，这中间应该只有周敏有可能。而且王鑫的钱包比较大，如果拿在手上会比较引人注目。

陈果建议王鑫把这件事告诉班主任，班主任大发雷霆，将教室的门关上，说如果没有同学承认的话，今天大家就都不能走，只能等家长来接。同学们都面面相觑，有些埋怨那个手脚不干净的人，在推迟了半个小时后班主任开口说周敏可以先回家。陈果不知道哪来的勇气，站起来就说为什么周敏可以先走呢，说不定就是周敏拿的！班主任脸色瞬间就黑了，但还是强忍着脾气说周敏把你的书包打开让同学检查一下，然后你就可以回家了，如果其他同学可以把自己的书包打开给王鑫同学检查的话也可以回家。周敏的脸色明显变了，打开书包的时候有些慢吞吞的，好像决定了什么似的，也不管是不是当着同学的面就拉着班主任到了门外，班主任回到教室的时候脸色有些难看，不太自然地说你们可以放学了，至于王鑫同学的钱包，希望明天有同学能够主动还给她，知错就改还是好孩子。其实这个时候陈果已经大概确定了周敏就是小偷，但是班主任在临走时还不忘帮周敏说好话。说周敏同学刚刚跟我说把你们都留下这种做法很不好，是不相信你们的表现，所以你们要好好地谢谢周敏同学。

第二天，王鑫到了学校后发现钱包好端端地躺在了自己的抽屉里，王鑫是除了班主任外第一个去班里的人。因为这件事情，陈果和王鑫成为了很好的朋友，但她不明白为什么班主任不让周敏承担本就该她承担的后果呢？想到这陈果就有点失落，觉得明明可以抓到小偷却无能为力这种感觉真的太糟糕了。陈果突然觉得有点反胃，那是她第一次觉得这么的恶心。她突然不想做侦探了，想做一名律师，然后为了所有无辜的人进行辩护，让坏人受到惩罚。

因为这件事，之后班主任对陈果或多或少有些排挤，而且因为沉迷推理，陈果的成绩本来就不好，所以她高考落榜并不让人感觉意外。之后，陈果听父亲的安排在一个大专里进修了金融专业，毕业后在一个小公司里做审计。她想起自己以前的梦想总觉得有点遗憾，最后竟然做了一件和所有梦想都不相关的事情。

梦想，的确是很不容易的，随着每个人的长大，梦想总是在不断地变化，我们喜欢看电视剧，电视剧里最喜欢用的剧情就是一名医生会在做手术的时候说，我从小的梦想就是做一名医生，因为我的母亲死于癌症，我最大的梦想就是战胜它。

我们面对一件事情或者一个人时想要得到它，这个叫作喜欢。我们想要变成他，这个叫作梦想。

梦想有的时候很调皮，它会拐着弯来。

陈果的梦想就是拐着弯来的，就像去沙滩捡贝壳，沙滩上有很多漂亮的贝壳，但是梦想不是选美比赛，不是哪个冠冕堂皇哪个美不胜收就去捡哪个，而是哪个能够代表你自己哪个能够在一瞬间扣动你的心就去捡哪个。有的时候我们捡起来一个贝壳，满心以为这个就是最适合我们的，但是走着走着会发现还有更璀璨、更闪亮的，直到终于有一天，我们可以毫不顾忌地直接离开这片海滩，这个时候你拿着一只贝壳，你会笑着跟所有的人说，你再也不会去海滩了。

故事还没有讲完，陈果毕业之后做了一年的审计就去了她爸爸开的药厂帮忙。她心里还是惦记着她的律师梦，所以做什么事情都没有心思，她偷偷买了法律的书籍，每天都会准时看电视里的法治在线，她看着父亲拿回来的新型胶囊药剂，还有挂在家里老地方已经很久没有使用过的黑板，还有角落里那一捆捆的柯南和福尔摩斯的推理书，有些嘲笑自己小时候莫名其妙的梦想，但是又有些感慨，至少这么多年活得都异常充实。

陈果的父母自然是希望女儿能够得到一份安稳的工作，但陈果却无法忘却自己的梦想，她经常背宪法和法条到深夜，第二天顶着硕大的黑眼圈去上班，这一年她报考了司法考试，并以优异成绩通过。

学过法律的人都知道，在短短的一年时间里能够通过司法考试是很困难的。

梦想真的很奇妙，总能激发出人无数种潜能。

陈果没有提前告诉父母就递上了辞职报告，在父母大发雷霆之前拿出了自己的律师证。父母都有些惊讶，女儿从小就有无数种天马行空的想法，然而对律师这个职业却如此的坚持，在惊讶的同时，父母也都释然了，决定支持女儿的选择。

陈果的第一场官司是帮父亲打的，原因是父亲的药厂生产的药剂被同行调包，证据确凿的情况下却被同行诬陷告上了法庭，陈果这次开门红，官司赢得特别漂亮，她听着最终的判决泪流满面。

这算是生活给她的一个圆满的交代，努力的人都应该获得肯定，梦想很调皮，它躲躲藏藏，还有无数个分身，当你最终握住了那个真正的梦想时，会发现这个世界其实真的很美好。

梦想，有时候转个弯才来。

第一，就像陈果的成长过程，我们从小到大都会有无数个梦想，小时候我们想做科学家，后来想做老师，再后来我们想做画家、音乐家、演员。梦想会随着我们的长大而一起长大，你会发现自己心里到底要的是什么，也会知道什么是适合什么是不适合。梦想很调皮，可能在下个路口才会遇见，但是它的调皮和古怪却让我们欲罢不能。我们终究会发现，当我们真的拥有它时，那种感觉真的很好。

第二，实现梦想的过程是无比艰难的，当你确定一个梦想，这仅仅只是第一步，真正的困难在于你如何把它变成现实，这个需要我们花费更多的时间和精力。实现梦想的过程像是一个迷宫，拐无数个弯，撞无数次墙，才能看见出口，看见光明。

所以，放下内心的恐惧，大声告诉自己，我可以。梦想，就会在下个路口等你。

一切美德从善良开始

　　惠妮是个普普通通的丫头，扔在人群里可以一瞬间就找不着的那种。有些营养不良似的发黄的头发，矮矮小小的个头，普普通通的出身，校服一裹在身上站在哪里都像是一朵野花，不，算不上野花，顶多算得上是一根草，虽然郁郁葱葱欣欣向荣的，但是永远都只是陪衬，永远都没有色彩。

　　青春期的惠妮有着自己小小的秘密，也有着小小的自卑。和很多女生一样，惠妮也在自己的心里刻上了熊思毅的名字。熊思毅是邻班的男生，全校公认的校草，穿着校服也好像穿着名牌运动装那么帅气逼人，父母都是知识分子，把熊思毅教得温文儒雅，风度翩翩，成绩也数一数二，只要是教过他的老师都会对他赞不绝口。惠妮的班主任正好也教熊思毅他们班的数学课，每次惠妮班里有数学难题无人会解的时候，班主任都会跺着脚叹着气说隔壁班的熊思毅多么聪明之类的话。惠妮就会在底下偷偷地笑，就好像熊思毅和她关系很好一样。

事实上熊思毅根本就不认识惠妮，每天莫名其妙出现在熊思毅生活里的女孩子太多了，甚至有胆子大的女孩子会在男厕所堵住他，只为了给他一封情书，然后再羞羞答答地跑掉。熊思毅每次都会觉得奇怪，能够豪放地在男厕所出入自如的人还会害羞？他会小心翼翼地把所有情书都放在铁箱子里，然后摆在书柜的第三层，但是不会去看，他觉得那都是彼此的秘密，他虽然无法回应但是必须尊重。

惠妮也想给熊思毅写信来着，她悄悄地在日记上给熊思毅写了好多好多的信，但是一封也没有送出去，她觉得保持距离也挺好的，就这样默默地喜欢一个人、仰慕他、欣赏他，不给他带来麻烦，就够了。

惠妮的同桌却坐不住了，她每天咋咋呼呼地对着惠妮述说着她对熊思毅的爱慕之情，惠妮就调侃她，同桌悠悠总是特别奇怪地看着惠妮说，你就没有动心的男孩子吗？怎么从来没有听见你提起过呢，你是不是有恋爱恐惧症啊！悠悠开着玩笑，惠妮却脸色潮红，摆摆手跟悠悠说不要开我的玩笑啦，我哪像你那么多情呀。

悠悠却不愿意这么放过惠妮，她把写好的情书塞给惠妮说，小妮子，你去帮我送下情书嘛，我真的很不好意思啦，反正又不是你写的，你是我最好的朋友，这是我第一封情书，你帮帮我嘛。

惠妮很想拒绝，但是看着悠悠满眼的期待却找不到话来搪塞，只有硬着头皮去了邻班。熊思毅的身边已经有了很多的女生，大家都像排着队交作业一样，轮到惠妮的时候上课铃声已经打响了，惠妮有点着急准备先回去上课，下节课再过来，却被熊思毅叫住说，这位同学，你的东西不给我吗？惠妮听到这句话第一想法就是赶快跑路，但是却死活迈不开步子。熊思毅满脸笑容地来到惠妮身边伸出手，惠妮看不懂那是一个怎样的笑容，只觉得这个雨天好像突然就有了太阳。惠妮颤颤巍巍地把信递给熊思毅，然后低着头说不出话，其实悠悠是想让惠妮帮忙要到QQ号码以后好交流的，想起悠悠满脸的期待，惠妮还是轻声地张开了嘴："那个，这信是我们班的悠悠要我带给你的，她还想要你的QQ号码，那个，你能不能给我一下……"

熊思毅的笑容却凝固了，信也直接扔出了楼道外转身回了班。惠妮涨红了脸不知道怎么办，上课铃再次响起了，她想下楼去把信捡回来，但是老远就看见老师已经往班上走了，她只好迅速地跑回班里坐下，看见悠悠期待的神情却不知道如何应答，心里想着下课了就去把信捡回来，然后塞到那个人渣的抽屉里去。

下课后惠妮飞奔下楼，没打伞在雨里找了很久都没有找到。惠妮突然不知道怎么办，她不知道这件事情要怎么向悠悠解释，这时却看见熊思毅气急败坏地打着伞站在了自己面前。她突然有点气不打一处来，顾不得身上冰冷的雨水直接给了熊思毅一拳："你有毛病吗，不管你喜不喜欢悠悠，你总要尊重人家女孩子吧，没想到你是这种人。"熊思毅也不甘示弱："我不接受我不喜欢的人的情书有问题吗？哪条法律规定每一封莫名其妙的情书我都要接受了？你是猪脑子吗，这么冷的天淋雨你想生病吗？"

惠妮没有再理会熊思毅，她也没有听出来熊思毅话里浓浓的关心，直接跑回了教室，身后的熊思毅却叫了声："你告诉悠悠，就说情书我收到了，我会考虑的。"

听到这句话的惠妮不知道是喜是忧，她替悠悠高兴，但难过的是自己青涩的暗恋也淹没在了这倾盆大雨里。

惠妮把熊思毅的意思传达给悠悠的时候，悠悠抱着惠妮狠狠地亲了一口，看着她满脸的雨水嗔怪她不小心照顾自己，拿来自己的校服给惠妮换上。惠妮穿着校服苦涩地笑了，也好，爱情没了还有友情。

第二天惠妮还是得了重感冒，躺在床上爬不起来。妈妈给她请了假，惠妮呆呆地看着天花板，眼前浮现出熊思毅帅气的脸。她还记得第一次看见熊思毅的情景。那天她去班主任的办公室拿作业本，她是班里的学习委员，熊思毅正好是邻班的数学课代表，因为比较匆忙，作业本摞得比较高，所以看不太清前面的路。两人火星撞地球一样地相撞了，惠妮狠狠地摔在了地上，作业本也全部散了，两个班的作业本全部散到了一起。惠妮抬头想看看对方，正好看见了熊思毅那张完美的脸，高鼻梁大眼睛，惠妮看着有些发呆。熊思毅却挠了挠头说不好意思，赶忙伸出手扶起了惠妮，两个人一起收拾作业本，惠妮脸色潮红，手心还有熊思毅拉起自己的体温，惠妮有点走神。

熊思毅却很专注，很快便分出了两边，惠妮随手捡起了一本往自己这边放，却马上被眼尖的熊思毅拿了过去，熊思毅笑着说这是我的本子，你这么想让我去你们班啊。

后来惠妮也会在楼道里偶尔遇见熊思毅，她觉得熊思毅肯定不认识她了，便默默地低头和他擦身而过。每一次擦肩而过都会有看不见的小鹿乱撞，但是熊思毅现在已经属于最好的朋友悠悠了。

惠妮第二天到学校的时候才知道班里出了大事，悠悠的情书被六班的混混捡去了，六班是全校最差的班级，基本上属于放弃管理了。而悠悠的情书就在那个大雨滂沱的时候被捡去，然后晒到了学校的宣传栏里。悠悠眼睛全部都是红的，惠妮不知道怎么安慰她，悄悄地把手放在悠悠的肩膀上，悠悠却像是受到了莫大的刺激般狠狠地甩开了，惠妮有些尴尬和难受，她不知道要怎么安慰自己的朋友，也不知道怎么为自己解释。

大课间的时候，惠妮借生病在楼道口堵住了熊思毅，熊思毅意味深长地看着惠妮，想必也已经知道了悠悠的事情，眼睛里有浅浅的愧疚。惠妮觉得自己有些唐突，但是却不知道该怎么办，她横了横心对熊思毅说，要不然你就和悠悠在一起吧，这样才能让事件平息下来。说完这话之后似乎又下定了一点决心，继续说，就算我求你吧。

熊思毅的眼睛像是一片湖水，看不清表情。

下午的时候，宣传栏里悠悠的情书被熊思毅的手写信代替了，大概的意思是悠悠的情书是自己不小心从书包里遗落的，首先谢谢捡到的人，也谢谢他变态的心理，不过没有女生可以耻笑悠悠，因为你们都有秘密，如果你们耻笑，你们的情书也会出现在这里。

信很短，但是威慑力却很强，学校里笑话悠悠的声音慢慢消了下去，惠妮每天会买很多的零食去安抚悠悠，朋友之间的误会很快也烟消云散了。这天悠悠吃着巧克力含糊不清地对惠妮说，小妮子，熊思毅喜欢你，勇敢一点，去吧。

惠妮有些不明所以，但是被悠悠看出心里的秘密还是红了脸蛋，悠悠笑了笑接着说："熊思毅已经跟我解释过那天的事情了，傻妮子让你淋雨生病了我还不理解你，其实爱情本来就是两个人的事，熊思毅说他喜欢的人是你，希望不会影响我们的友谊。我虽然没有你这傻妮子那么善良，但是我也不至于和电视里的女二号那么恶毒，祝你幸福啊，小妮子。"

惠妮看着悠悠的侧脸有些说不出话来，这幸福来得有点突然，她还没有做好准备，门口便响起了熊思毅的声音：

"惠妮，你出来，哥有话跟你说。"

看得出来熊思毅也是鼓足了勇气才下定决心的，一看就是没有表白过，但是却又不想把自己搞得那么窘迫而装着云淡风轻。惠妮看着熊思毅有点想笑，但是想起这是个严肃的场景，所以只能尽量憋住。熊思毅整理了下思绪开了腔："惠妮，第一次见你时，你冒冒失失的，抱着一大摞的本子，那样子真的很可爱。后来每一次巧遇，你都低着头迅速从我身边走过，我想了无数种跟你打招呼的方式，但是你一点机会都没有给我。等你来我们班给悠悠送情书时，我满心以为是你，谁知道你告诉我是悠悠，我一生气就把情书扔了出去，给你和悠悠都造成了麻烦，很不好意思。丫头，悠悠说你也是喜欢我的，我才能鼓足勇气来找你，做我女朋友吧。"

惠妮还没有回过神来，低着头轻声说："怎么是我呢？你这么优秀这么多人喜欢，我又不漂亮，这么普通……"

熊思毅悄悄地捂住了惠妮的嘴："傻丫头，你是我看见过最善良的女孩子：我看见过你在学校门口买老太太的小百合花多付了两块钱，然后悄悄走掉；看见过你为了朋友可以给自己喜欢的男孩子送信，为了自己的朋友冒那么大的雨，脾气这么温顺的你为了朋友竟然来跟我吵架；我还看见过你在公交车上给老奶奶让座；看见过你大夏天带着不知道和你有什么关系的小男孩，给他买了一支可爱多，还帮他打着伞，自己在太阳下还什么都没有吃。这么善良的女孩子都是发着光的，让我如何不注意你呢。"

惠妮脸色绯红，熊思毅悄悄地牵起了惠妮的手。

善良的女孩子本身就是七彩的，她五颜六色，在阴雨天、在太阳下都散发着自己的光芒，无论多么普通，善良的孩子永远都是最美的。

诚实守信

诚实守信是我们从幼儿园开始就被强调的，大道理教得多了我们就开始从心里排斥，但是能够做到诚实守信却没那么容易。

我们都听过狼来了的故事。牧羊的幼童在山坡上牧羊，因为闲得无聊想恶作剧，便在山坡上大喊狼来啦，等村民拿着镰刀，赶上山却发现这只是一次恶作剧。第二次孩子又喊狼来啦狼来啦，村民再一次上当了。第三次狼真的来了，孩子慌忙呼救，但是却再也没有村民愿意相信他了，牧羊的幼童最终付出了血的代价。这个故事一代代地传了下来，就是告诉我们一个很简单却又很深刻的道理——做人要诚实。

汪雨从小有一个坏毛病，爱说谎话。妈妈每天回家后都会问小汪雨吃了多少零食，汪雨总会少说一些，妈妈并没有把这些无关痛痒的谎话放在心上，直到汪雨上了小学。妈妈给汪雨报了英语培训班，但汪雨后来不愿意去上学，就跟妈妈编了一个让家人瞠目结舌的谎话。他说老师出车祸腿断了，要休养所以不能上课了。就这样，汪雨逃了一个月的补习班，直到后来妈妈突然想起这件事，问汪雨老师怎么还没有好呢，汪雨搪塞说还早呢。母亲这才发现问题，拎着补品去学校准备看望一下老师，最后发现是汪雨说的谎话，回家后把汪雨狠狠地揍了一顿。

汪雨有个好朋友学着汪雨骗家长，竟然说老师得了癌症，一个月之后再被问及时，竟然回答老师去世了。这对"难兄难弟"的事例虽然听起来挺搞笑，但是深挖却会发现说谎是一件非常不好的事情。

我们总会在电视和小说里看见不一样的说谎方式，比如早上迟到，会有 N 种不同的解释。有人统计，这些解释里爷爷奶奶死了四次，遇上车祸八次，堵车闹钟坏了等小问题上百次，女朋友要分手十次。这是取的平均值，一个人不可能有四个奶奶，不可能连续一周都遇上车祸，不可能跟一个女朋友分手十次，这些理由有时候我们自己也用过，只是都忘了。其实不过是昨晚睡得晚，早上睡过了头起晚了而已，而这些没什么好隐瞒的事情却好像难以启齿，一定要编一个悲惨的谎话才能够让人觉得自己有迟到的资格和权利。

每个人都有犯错误的权利，但是说谎之后性质就变了样。诚实的人更容易被原谅。

小时候课本里还有这样一个故事，说一个孩子踢球时不小心砸碎了一位老爷爷家里的玻璃，这个孩子很害怕，一路担心着回到了家里，在家里待了一中午后总觉得良心不安，所以下午便抱着毅然决然的心情到老爷爷家里给他道歉认错，最终得到了原谅。每个人都必须对自己所犯的过错负责。

幼年时，我因为不想上学，总会说自己肚子疼、感冒了头疼欺骗自己的母亲，后来有一次，母亲发现是我在欺骗她好逃避去学校，便狠狠地教训了我一顿。我永远都记得母亲的话，说谎时最忌讳的就是让人担心，我不想去学校没有关系，但是我说我难受却会让我的母亲一天都寝食难安，从那之后我还是会偶尔说谎话，但是再也不会说会让人担心的话。

诚实是一件必须遵守的事情，这也是我们在社会上生存的原则，诚实的人才有资格要求被原谅。

守信和诚实是亲兄弟。顾名思义，守信就是说到做到。

王佳和朱媛媛从小到大都是好朋友，王佳有一个很不好的毛病一直都改不掉，就是迟到和爽约，每次与朱媛媛约定了时间，最后都会推迟少则半小时多则个把小时，还经常会在朱媛媛已经到了约定的场所之后才打来电话，用饱含歉意的语气说道："媛媛我错了，今天去不了了。"朱媛媛在忍受 N 次之后彻底爆发了，发誓一辈子都和王佳不相往来。曾经的好友形同陌路，无论王佳怎么道歉，朱媛媛都对她不予理会。

转眼，两人已经一个多月没有联系了，王佳每天都会给朱媛媛发短信，毕竟两人从小到大都是闺密，王佳从小就是朱媛媛的跟屁虫，所以她对朱媛媛有着根深蒂固的依赖，就像依赖自己的亲人一样。一转眼就到了王佳生日的时候，王佳特意联系了所有和朱媛媛有关系的人，让他们务必转告朱媛媛自己生日晚宴的事情，所有人都满口答应着，应允王佳一定会连拖带拽地把朱媛媛带过来。

王佳生日会的时候特意早起打扮，穿上了新买的衣服并挽起了长长的头发。生日一般都是收礼物，但是王佳却把自己打扮成了朱媛媛喜欢的样子，媛媛人虽小，却有一颗职场女性的心，穿起衣服来显得精神而干练。所以王佳特意穿上了职业装，打扮得像个小大人一样，希望能够讨得朱媛媛的欢心，并且还帮朱媛媛准备了一套姐妹装，希望朱媛媛能够原谅自己。

一切准备就绪之后王佳兴致勃勃地来到了定好的KTV，这是王佳第一次提早半个小时到场。她坐在豪华大包里看着空荡荡的房间，心里有点失落，平常从来都是被等的那一个，从来都没有考虑过别人的感受，今天自己却真正领会了这种滋味。

王佳百无聊赖地看着手机，转眼间半小时就到了，三点整的时候，王佳群发了条短信，问大伙什么时候来，大家好像提前约好了似的，要么就是说不好意思，家里有情况实在是来不了了，有的则是说路上堵车还没到呢，有的则是说还有两站，几分钟就到了。然而时间又过去了大半个小时，王佳还是没见到人影。她看着手机和桌上的蛋糕，还有准备好的生日会，觉得很委屈，默默地流下了眼泪。时间一分一秒地过去了，转眼已经到了四点，但是一个人都没有，王佳就在空荡荡的包房里一个人点了一首温岚的《祝我生日快乐》，边唱边流眼泪。

歌唱完之后，王佳看了一眼依旧安静的手机，周围突然一片漆黑，王佳吓了一跳，门突然被打开了，所有朋友都戴着生日帽并捧着大蛋糕给王佳唱起了生日歌，朱媛媛走在最前面对着王佳笑，王佳顿时就僵住了，眼角还闪着泪，朱媛媛给了王佳一个大大的拥抱，笑着说小妞，这是我们商量好的，给你一个教训，知道爽约和不守时的难受了吧。不让你亲身体会一下，你永远都不知道等待的那个人有多么的无可奈何。

王佳羞愧地点了点头。自从这件事情之后，王佳再也没有迟到和爽约过，朋友都说王佳变了，曾经很害怕跟王佳出去，因为出去就要冒着被爽约和等很久的风险，现在却一身的轻松，王佳再也不是从前那个骄纵成性的王佳了。

这看起来是很小的问题，撒个小谎，迟个小到。但是在别人的眼里，就会变成嘴里跑火车，爱撒谎，不守时和不讲信用。诚信问题是每个人最基本的品质，如果连诚实守信都做不到，我们永远都交不到真心的朋友，也永远都不能被人信赖。

试想一下，如果你的好友或者你的亲人对你说的每一句话都怀疑，如果你的每一次约会都会有人习惯性地等你，那么这些都是你即将失去她们的前兆，没有一个人有权利让另一个人失望，谎言和不守信用就是最大的失望。

信任就是一张纸，说谎就是一道折痕，每说一次谎就会有一道新的折痕。从前有一个故事，说一个父亲让儿子去木桩上钉一颗钉子，等钉满了再拔下来。虽然可以复原，但是这个木桩却不是最初的模样了，再也不能圆满如初。为一个谎话，就要说无数个谎话去圆，久而久之，我们自己都会怀疑自己。当我们自己已经习惯了自己的谎话，我们就变成了一张皱巴巴的纸和一个满是洞的木桩。

人与人之间交往的前提就是真诚，如果做不到这点，就不能责怪别人没有把我们放在心上。

从明天起，让我们勇于承认自己的错误，让我们每次的约会都早到一些，让我们勇敢地说出事情的真相。真诚的人，更容易被原谅。

学会宽容

最近最火的电影应该是《小时代》了，那里面的爱恨情仇和感情纠葛让人心疼。顾里说，每个人都有犯错误的时候，所以每个人都应该拥有一次被原谅的权利。我看到这个镜头的时候突然觉得很悲伤，宽容本来是一件很容易的事情，可是随着我们慢慢地长大，似乎心却越来越小了。

有容乃大，无欲则刚。其实这世界除了生死，都是平常。

关注新闻的同学会发现，现在的暴力事件有越来越多的趋势，先是北京街头的摔婴事件，然后是幼儿园里的持刀伤人事件，所有犯罪分子都低着头认错，流下悔恨的泪水。这千篇一律的悔过陈词让我们都有些漠然，人为什么一定要在可以宽恕的时候选择怨恨，而在不可收拾之后却来要求别人的宽容呢。

　　当局者迷，旁观者清。我们常说冲动是魔鬼，而冲动的根源就是我们没有一颗强大的心，不能够原谅伤害，不能够从容不迫。

　　我永远都记得发生在我身上的两个故事。

　　第一个是在我上幼儿园的时候，有个小男孩是跟爷爷奶奶长大的，性格比较孤僻，没有什么好朋友，我们在操场组织活动的时候，他总是躲在草垛后面自己玩自己的。后来午睡的时候我和他成了临床，小时候的我是个吃货，包包里每天都会塞满零食，看见他眼馋的样子，我会很大方地把零食分给他一些，一来二去的我们算是成了朋友，他每天都会跟在我后面，好像我是他的头儿一样。记得那天下午课外活动时，我照例和我的好朋友千千一起玩，我和千千打小就是好朋友，但是那个男孩却似乎对此很不满，他满心期待地以为能够和我一起参加户外活动，但是却没想到我是和千千在一起。其实我和千千都很诚恳地邀请他加入，但他还是躲进了旁边的草垛里。孩童的心思没有那么细腻，我们一会儿便把他忘在了脑后，正当我和千千两人高兴地堆着城堡的时候，突然一块板砖从身后的草垛里飞出来砸中了我的脑袋，我用手一摸，摸到了满手的鲜血，我望向身后，那个男孩似乎也吓傻了，本来喧闹的场地顿时安静下来。后来我被老师带到了医务处，那个男孩也被老师叫过来和我道歉。母亲随后赶到，狠狠地训斥了那个男孩，后来听到他怯生生地解释说那块砖头不是扔我的，

176

是扔千千的，他觉得如果没有千千我就可以和他做朋友了，这让我觉得特别害怕，一个人的心如果不够大，那么这个人真的不能够交往。

后来那个男孩的奶奶带着他来我家给我道歉，我母亲看着他年迈的奶奶表示不再追究了，我也没有责怪这个男孩的意思，还是会在每天午睡的时候递一些巧克力果冻之类的零食给他，他用一种特别感激和愧疚的目光看着我。

长大后我们很久没有联系了，有一天突然有人在 QQ 上加我，他告诉我他就是原来砸破我脑袋的那个男孩，他还说如果不是我当时对他的宽容，他就不愿意去上学了，也许现在就不会有这样的成就，他现在已经是重点大学的高材生了。

宽容其实是细微的，你的一句没关系也许可以改变一个人的路。宽容是一缕阳光，也许这零星的温暖却可以照亮一个人的整片世界。

还有一件事发生在我读初中的时候。那一年开运动会，楼道比较窄学生又比较多，推推搡搡中有人站不稳就倒下了，这一倒就跟多米诺骨牌一样，后面挨着的学生全部一起倒了。这次事故在我们初中闹得很凶，很多家长因为孩子受伤就在校门口示威讨要一个说法，校领导一一道歉后还是有很多人索要赔偿。那一年赶上学校要评省重点，校长自掏腰包给了这些家长相应的赔偿后这件事才算了结，但是学校那年还是没有评上省重点，因为家长聚众闹事导致这条新闻惊动了教育局。

后来，开家长会的时候校长说起今年学校升省重点失败的事情，那些家长又开始骂骂咧咧说校长管理无方之类的话，我的母亲告诉我如果没有这些家长学校早就升重点了，还告诉我这些家长的孩子一定都不可能考上好的学校。

我当时暗笑母亲的武断，我对学校升重点的事情也并没有那么的介意，但是后来同学聚会的时候，当时那些家长的孩子确实都没有考上好的学校，有的甚至已经外出打工很多年了，我突然发现原来宽容真的可以改变命运。因为自从那些父母闹事导致学校没有升一类之后，很多学生都开始排斥那些孩子了，都会说他们是这件事的始作俑者。学校这个地方就跟城市一样，在这里的人都会有一份特殊的荣誉感，就像是在捍卫自己的家园。这件事情直接导致了这些孩子在学校被老师和同学忽视甚至排斥，所以也无心学习了。不过这样的父母在家里的教育应该也是很严格的，犯错在成长的时候在所难免，不允许犯错便不可能成长。

法律也讲人情，何况是生活。有人在慌乱中踩到了你的脚，他说一句对不起，你回一句没关系。也可能他什么都没说，你依旧可以在心里说一句没关系，这比你拉着人家说"你踩到我的脚你眼睛瞎了吗"要睿智得多，可能人家没有发现，也可能人家心情不太好，你这样一来的话，本来是你占了道理，却变成了两个人都有问题。做一个有理的人，吃亏是福，总有一天生活会还给你欠你的东西。

　　宽容是可以选择的，很多时候我们都会觉得自己的命不好，其实这都是环环相扣的，生活永远不会亏待你，你吃的亏、受的苦。黑暗里走过的路，如果选择了原谅，那么生活总会在下个路口悄悄地跟你说声对不起。

战胜挫折就能战胜自己

其实每个人的心里都开着一朵花。

苏小沫今年正好十六岁，银灰色的短头发，耳朵上有七个耳洞，她经常套着一件皮夹克，滑着轮滑上学，所有人都在她背后窃窃私语，说苏小沫除了名字像个女孩子外就没有任何女性特征了。

苏小沫的成绩永远都是年级的前三名，老师虽然对她的行为举止很不看好，却因为她优秀的学习成绩而不好多说什么，任由苏小沫在学校里"横行霸道"。她一头银灰色的短发在日光下闪闪发亮。苏小沫的父母从来都没有到学校开过家长会，也没有人知道她到底有没有父母，她羸弱瘦小的身子似乎有无穷的力量，什么事情都可以自己搞定。

因为在学校桀骜不驯的模样和优秀的学习成绩，苏小沫成了炙手可热的红人，虽然表面上一副小太妹的模样，但是苏小沫还是很平易近人的。其实她的娃娃脸和装扮一点都不般配，好朋友跟苏小沫说你要慢慢地淑女起来。苏小沫总会淡淡地笑一笑说习惯了。

这天学校召开初三毕业班冲刺之前的最后一次家长会，填报志愿调考报送的事情都需要与家长协商。班主任找到苏小沫说这次一定要让家长过来开会，三年了老师也没有见过她的家长。苏小沫犯了难，央求了老师很久，最终老师终于松口，说只要是亲属都可以，因为学校有规定，毕业班的家长会一定不能缺席。苏小沫第二天带来了自己的外婆，外婆已经上了年纪，走路有些一瘸一拐的，但人还是很精神，班主任看见苏小沫为难的表情，只得点了点头。

这次家长会开完之后学校里流言四起，大意是说苏小沫的父母离异，还有说苏小沫其实是个孤儿，难怪把自己打扮得和小太妹一样呢，原来是没人管啊。苏小沫没有理会这些谣言。紧接着紧张的高考就来了，苏小沫以优异的成绩考取了省重点高中，最后一次同学聚会上大家都有点感伤地喝多了。

苏小沫这天也喝得微醺，在喧闹的 KTV 里大声地唱着歌，她哭得梨花带雨，混杂在满屋的酒精味里，说了很多的胡话。

大伙也终于明白了苏小沫的难处。小沫的父亲是包工头，在一次事故中，开发商不愿承担责任，让小沫的父亲顶了罪，父亲是按恶意伤人事故被判刑的，百般辩解无果最终被判关押了三十年。那是小沫很小时发生的事情了，父亲只陪着她度过了嗷嗷待哺的婴儿期。小沫和母亲曾经去探过监，那里阴暗潮湿，所有的人都凶神恶煞或者面无表情，每个人都用不同的方式在捍卫或者申诉，在那里她看见自己父亲身上有着一道道的伤痕，她暗下决心一定要变得强大。

可是一个女孩子怎么能变得强大呢？小沫看到外面抽烟喝酒的小混混，那么霸道那么蛮横，她便学着去穿着打扮，其实小沫的心里是柔软的，她有自己的秘密，也有女孩子的心思，但是她不敢松懈，她害怕像父亲那样被强势欺凌，她只有努力让自己变得强大。

小沫的母亲因为父亲的事情一直郁郁寡欢，对小沫也是爱答不理的。母亲很漂亮，以前总会被人动手动脚，小沫在去理发店染头发的时候就告诉理发师说，我要染看起来最坏的那种颜色，那样我就能保护自己的母亲。理发师看着小小的小沫，给她做了头发后分文未取，母亲看到小沫的新造型吃惊不小，小沫却一身正气地告诉母亲说，妈妈以后我会保护你。

小沫有一搭没一搭地说着话，眼睛里流着泪，KTV里突然就安静下来，苏芮的《亲爱的小孩》在播着伴奏，大伙终于能够理解为什么小沫每天都会把自己打扮成一个小太妹，也终于可以理解为什么没有亲人来给小沫开家长会。原来这个女孩的肩膀上有这么重的责任和满满的疲惫，大家看着小沫满脸泪痕的脸都有些心疼，七手八脚地把小沫送回家。那天小沫喝得最多，也是最放纵的一次，大家心里都有了一个共同的秘密，这件事情就烂在自己的心里，绝对不再让小沫受到伤害。

可是上天有的时候就是这么的残忍。

小沫拿到通知书递给母亲的时候，母亲终于在小沫面前泣不成声，母女俩抱成一团，都决定好好的生活。小沫来到理发店，将自己的头发染黑并拉直，取下了耳朵上所有的耳钉。之后，她第一次同母亲一起逛商场，母亲给她买了一套乖巧的学生装，当所有人都以为这个世界就要柳暗花明的时候，突如其来的风暴却再一次席卷了这个不幸的家庭。

父亲在被关押了十年后被保释了，父亲却再也没有了往日的风采。妈妈带着小沫在法院门口等候父亲，小沫穿上了那套新衣服，她以为一切都好起来了，她会拥有一个崭新的三口之家，会像其他的孩子一样拥有至亲的爱护，从前缺少的一切都能够找回来，可是当苏小沫看见自己父亲的时候突然就发现一切都不像自己想的那样了。

父亲回到了家里便开始呼呼大睡，要么就是疯狂酗酒，喝醉了就会摔家里的东西。苏小沫终于体会到了小说里那些喝醉酒的父亲发酒疯毒打自己女儿的场景，苏小沫经常会被父亲抓起来毫无缘由地痛扁一顿，母亲会在旁边疯狂地哭喊劝阻父亲，苏小沫却一滴眼泪也没有流下来，她那慢慢长长的头发变成父亲抓住她的工具，每天都会用梳子梳下来一大把被父亲抓掉的头发。苏小沫在夜深人静时，趁父亲喝醉入睡后让母亲去睡觉，自己默默地收拾好屋子，然后躲在被子里狠狠地哭一场。苏小沫的成绩一落千丈，伤痕累累，她突然觉得上天好像永远都不会放过自己，总会在自己觉得有些希望的时候狠狠地给自己一个耳光。

苏小沫高一这年，一向最疼爱自己的外婆突然去世了，双重打击下母亲病倒了，苏小沫默默地接受了一切。父亲在不喝酒的时候会沉默而愧疚地看着苏小沫，看着她身上的伤痕会欲言又止。苏小沫眼神里只有冷漠，再也没有感情。

这天放学回家，小沫看见父亲盯着桌上的一瓶二锅头发呆，伸手拿了又放下，父亲重复这个动作好几分钟，小沫就在旁边看了几分钟，直到她实在受不了了，冲过去把酒狠狠地砸向了地板，瓶子瞬间四分五裂，惊动了本来在午睡的母亲，母亲急忙拖着病快快的身子走过来，以为父亲又要打小沫。谁知父亲这次却一反常态，他盯着小沫看了很久便转身去厨房做饭了。这是小沫第一次吃到父亲做的饭，饭桌上一家三口都很尴尬和沉默，倒是父亲先开了腔，他轻轻地跟母女俩说了句对不起，小沫端着饭碗的手抖了一下，眼睛就湿了，低头猛扒了几口饭。父亲颤颤巍巍地伸出手来抚摸了一下女儿有些凌乱的头发，并向母女俩保证以后再也不喝酒了。

小沫终于在父亲诚恳的道歉之下泪流满面。

　　风雨之后总会有彩虹的，父亲承担起了照顾母亲的重任，法院对父亲误判的事件也做出了相应的赔偿，父亲找到了一份司机的工作，每天都会第一时间下班回家，母亲在父亲的照顾下慢慢恢复了气色，一家三口终于过上了正常的生活，小沫的成绩也很快有了起色。时间飞快，转眼就到了高考填志愿的时候，还是家长会，小沫有点不好开口，但还是在饭桌上提起了这件事情。

　　父亲眼里充满了愧疚，母亲也低着头不说话。小沫以为父母又不会去了，于是打圆场说没关系，老师没有硬性要求，其实不去也没什么的，爸妈却似乎是异口同声地说："丫头，以前真的辛苦你了，爸妈这回会一起去学校给你开家长会。"

　　那是小沫第一次觉得那么的光荣和幸福，父母一同牵着小沫，三个人坐在会议室里，尤其是当校领导说到有希望考上清华北大的学生名单而小沫就在其中时，父母同时给了小沫一个大大的拇指。小沫觉得自己就好像回到了幼儿园里一样，父母此刻是那么的高大，她不禁眼里全是泪花。

　　北大录取通知书收到的那一天，小沫去超市给父亲买了一瓶洋酒，价格对于小沫来说等于全部的存款了，父亲看见女儿给自己买的酒和大学录取通知书，激动得热泪盈眶。小沫看了看天边，瞧，雨后的晴天真的出现了彩虹。

　　战胜挫折，就能战胜自己，苏小沫可以，你为什么就不可以呢。

舍得才能赢得

舍得时间，才能收获永恒。

舍得真心，才能收获感情。

舍得付出，才能收获回报。

这个世界有一种平衡论，付出才有收获，舍得才能赢得。前几年有一部很火的电视剧叫《第八号当铺》，传说在人间和地狱之间有一间当铺，这间当铺可以满足你的要求，但是你必须有东西可以典当，有的人想要美貌，却失去了健康；有的人想要荣耀，却失去了自尊；有的人想要爱情，却失去了朋友。

这个世界当然没有这样一个神奇的地方，我们要拥有的，还是只有一种途径，那就是付出。种瓜得瓜种豆得豆，不劳而获这种事只能在梦里出现。

我们都学过诺贝尔的故事，年轻的他很想研究炸药，却误伤了自己的弟弟，也炸坏了自己的一只耳朵，但是却成功研制出了炸药。是诺贝尔一直的坚持成就了他的荣誉，也是他舍得自己的身体，才得到了最后的成功。

小明有一辆很喜欢的遥控汽车，他每天都会把它擦拭很多遍，并且小心翼翼地收在盒子里。这天，小明的弟弟到了小明家里，看着遥控赛车眼睛都直了，缠着小明要他送给自己。小明自然是不答应了，弟弟就哭了，哭声惊动了小明的父母，父母希望小明做个照顾弟弟的好孩子，劝小明把车送给弟弟，亲情才是最重要的。小明不肯，抱着遥控车在房间里怎么都不肯出来，晚饭都没有吃。小明饿着肚子睡着了，梦见弟弟想要遥控赛车但是自己却没有给他，弟弟很难过，再也不愿意见小明了。小明惊醒过来的时候看见遥控赛车好端端地躺在自己身边，突然觉得有些失落。第二天一大早，他抱着遥控赛车去了弟弟家里，弟弟睡眼蒙眬地看着他，小明把遥控赛车塞在了弟弟怀里，说送给你了，哥哥长大了不玩这个了。弟弟惊喜地看着哥哥，说哥哥真好。

小明回家后情绪不高，很舍不得自己的遥控赛车，但是想起弟弟明亮的眼睛又觉得没有什么大不了的。后来全家人都知道了这件事情，都夸小明是个好孩子。这年小明生日的时候收到了很多的生日礼物，都是爷爷奶奶叔叔阿姨送的，打开一看，全是各式各样的遥控赛车，都是最新款的。

这是个很浅显的故事，在遥控赛车和与弟弟的亲情之间小明选择了后者，最终他收获的不仅仅是各式各样的遥控车，还收获了弟弟的感激和亲人的赞赏。很多时候我们都是小明，因为自己手里拥有的舍不得放下，而错过了更多的美好。

我们看见过很多成功的人，如音乐家、作家、诗人，他们在颁奖台上总会声泪俱下地说令人感动的话，但是最多的还是感谢自己的家人。他们都会说对不起自己的亲人和子女，因为从来没有尽到过做父母或者子女的义务，他们在自己的岗位上都是佼佼者，但他们在生活里却不是一个负责的父亲、母亲。然而正是因为他们牺牲小我的精神，才成就了自己的事业，才成就了大爱。我们总会说没有大国哪来的小家，我们需要这样的人，他们是脊梁，他们有自己存在的位置和价值。因为舍得下自己，才赢得了更多的掌声和尊重，才赢得了祖国的繁荣和昌盛。

人生就是一张试卷，而这张试卷全部都是选择题，有的时候是多选，有的时候是单选。有的时候也许两个答案都是正确的，但是我们却不得不舍弃一个，有的时候一个答案都看不上，但是我们却不能交白卷。

人生的每一个阶段都在选择。从出生开始，我们选择医院，医疗设备好的地方意味着我们的父母要舍得他们辛辛苦苦的存款；我们开始需要奶粉，选择进口还是国产又成了头疼的问题，进口奶粉怕假货，国产奶粉怕有毒；等我们长大了就要选择学校，义务教育分配的学校条件不够好，但是重点的学校又要交高额的赞助费；等我们更大了要面对中高考，意味着我们看着书本想睡觉的时候要选择是坚持还是睡觉，我们对着电脑游戏的时候是控制还是放纵；填志愿的时候我们又要选择，选择名校还是选择普通学校，名校很容易被刷下来，但是选普通学校又觉得不划算；工作之后更要选择，选择是留在本专业还是接触从来没有学过的领域。每条路、每步棋都不是那么容易的，但是我们却不能够停下来，因为这条单行道不能够回头，也不能够停留，这份试卷只有固定的作答时间，我们只能带着迷惑向前。

谁的青春不迷茫，但是有舍才能有得。

我曾经和我最好的朋友都看中了校门口的一款新包，那家店在学校很受欢迎，所以包卖得很快，等我们看到的时候只剩下一个了，我们都很喜欢。其实我们俩的风格不是很像，但是那个包就是有一种莫名其妙的吸引力，我们互相谦让了很久，谁都很想要但是谁都不好意思买下来。最后我说你买吧，我家里包太多了，我买回去妈妈还会骂我，你先买了背着，过两天给我背背。听见我这样说，我的朋友才买了下来。看见她背着这款包我觉得挺高兴的，就像我们的友情又加深了一层一样，后来我们真的就更亲密了。因为一个包交了一个真心的朋友，这样的买卖怎么样都很划算。

其实人生就是不断地扔掉自己已经拥有的，再收获更大的。上世纪80年代我们流行把钱放在银行里，因为有利息；90年代我们流行买卖古董，不知道多少人砸在了里面，但是人们还是乐此不疲，有人问过一个收藏家，问他这一生收藏的最珍贵的一个物件是什么，他说是收藏给他带来的快乐，他说他是真心喜欢收藏，他舍得花这份钱去冒险，很多时候都看走眼，但是他享受这个过程，人生本来就是这样，最珍贵的东西永远都是无价的。

有一个故事讲的是一对兄弟，分别带着十名水手出海淘金，两艘船一起出发，最后都收获颇丰，但是在回来的路上都遇上了风暴，而船上载重太多，必须扔掉一些东西，否则就会葬身大海。哥哥看着满船的金银珠宝实在舍不得扔，最后他和水手们商量，通过抓阄扔掉一个人。因为哥哥是船长，自然不在抓阄的范围里。船员们都看着满船的金子狠着心同意了这个做法，于是一个可怜的人率先被扔下了大海，可是船依旧太重，船员一个一个被扔下大海，最后船上只剩下哥哥一个人，哥哥看着满船的珠宝再看着被扔下的船员，心里暗自庆幸这一趟没有白来。弟弟看到这样的情景，便和自己的水手把整船的珠宝全部扔掉了，然后把哥哥的九位船员都拉上了船。这样，两艘船同时回到了岸上，但是弟弟的船上已经什么都没有了，连衣柜等简单的生活用品都因为载重的问题而扔了，弟弟和他的水手们都看起来狼狈不堪，但是哥哥却不一样，哥哥载着满船的珠宝穿金戴银地回到了岸上。然而所有人都对那金灿灿的黄金没有兴趣，而是去关心弟弟和他的水手有没有受伤，并且热情地欢迎弟弟回到家乡，乡亲们都把酒言欢，唯独把哥哥排除在外。

后来有人问弟弟为什么这么做，弟弟笑着说朋友没了就永远没了，钱没了还会有的。弟弟舍弃了一船的珠宝，但是得到了所有人的尊重。哥哥成了一个富人，但是却失去了所有的朋友。

人生有一道道的选择题，舍得才能赢得。而学会选择，则是我们最重要的课题。